KB051739

자녀는 신이 맡긴 선물입니다

김 태 윤

유대인
교육의
오래된
비밀

★ ★ ★

『탈무드』에서 찾은
세계 1퍼센트 인재 교육법

유대인 교육의 오래된 비밀

김태윤 지음

북 카라반 CARAVAN

프롤로그

지금 대한민국 교육 현실에 필요한 것은 유대인 자녀교육법이다

오늘도 대한민국은 세상에서 가장 숨가쁘게 돌아간다. 우리나라는 한국전쟁으로 폐허가 된 아픔을 '한강의 기적'으로 뒤바꾼 자랑스러운 민족이다. IMF의 위기도 전 국민의 '금 모으기' 운동을 통해 한 방향 한 뜻으로 극복해 나갈 수 있었다. 그렇지만 지금 대한민국을 들여다보면 모두가 불행하다고 말한다. 경제적으로 과거보다 월등히 잘살게 되었지만 남녀노소 상관없이 헬조선에서 저마다 하루하루가 힘들다고 말한다.

부모들은 세상에서 가장 많은 근로시간에 청춘을 바친다. 아이들도 세계 최고의 학습시간을 자랑한다. 모두가 행복해지기 위해 살아가는 데 점점 더 불행해지는 역설적인 세상이 지금 우리의 모습이다.

이 책은 가정과 학교에서 이런 우리의 모습을 천천히 돌아보자는 의미에서 기획하였다. 특히 너무나 소중한 우리 아이들의 꿈을 찾아주기 위한 목적이 있다. 유대인의 『탈무드』를 기반으로 4차 산업혁명시대를 이끌어갈 미래인재 양성을 위해 창의적인 생각, 즉 '생각그릇'을 키우기 위한 가정의 역할에 대해 진지하게 고민하는 책이다.

이 책의 결론은 크게 세 가지로 요약할 수 있다.

첫째로 "우리 아이들은 모두 인재다"라는 것이다. 이 책을 관통하는 핵심 내용이다. 대한민국 교육 현실에서 '국·영·수' 등 주요과목 성적을 중심으로 한 줄로 세운 아이들 가운데 1등은 그 반에 단 한 명이다. 하지만 아이들이 가진 저마다의 '달란트'로 '꿈과 끼'를 평가하면 모든 아이는 각양각색의 재능을 가지고 있다. 따라서 우리나라 교육에서는 '루저'이지만 교육 환경이 다른 곳에서는 또는 우리가 조금만 생각을 바꾸면 우리 아이들 모두가 1등이 될 수 있다.

둘째로 세계 최고의 인재를 만드는 유대인 자녀교육은 가족 간에 존중하고 격의 없는 대화가 있었을 뿐이다. 특히 가정이나 일상 속에 '가족을 사랑하는 마음'이 흐르는 것을 느낄 수 있었다. 그리고 끊임없는 대화와 토론을 통해 다른 사람의 의견을 존중하며, 지식의 확대 재생산이 자연스럽게 이루어지고 있었다.

셋째로 비단 교육문제뿐만 아니라 현재 우리나라가 겪는 다양한 사회문제를 해결하기 위해 유대인의 교육철학, 특히 하브루타식 토론 방법이 대안이 될 수 있다는 확신이 들었다. 현재 우리나라에서 문제가 되고 있는 세대 간의 갈등, 성별 간의 갈등, 진보와 보수의 갈등, 성적 관련 가정 내 갈등은 물론 더 나아가 학교폭력 문제까지 해결하는 데 유대인의 하브루타식 대화법이 어느 정도 해결할 수 있다고 생각한다.

사실 부끄러운 이야기지만 현재 중학교 1학년 자녀를 둔 사람으로서 아이 교육에 대해서는 명확한 해답을 구하지 못하고 있다. 아직도 좌충우돌 '현재진행' 상태에 머물러 있다. 우리나라는 땅이 좁아 인구 밀도가 높고 급속히 성장하다 보니 다른 사람과 지나친 경쟁과 비교가 당연시되었다. 이에 설상가상으로 IT 강국 대한민국 국민답게 온 나라가 온·오프라인으로 '초연결'되어 있어 나만의 교육철학을 가지기 쉽지 않다. 오늘 하루도 과도한 정보 'TMI'Too Much Information와 정제되지 않은 기사들이 아이들을 가만히 두지 말라고 우리를 실시간 유혹한다.

사실 이 책을 쓴 동기가 따로 있다. 중학교 1학년인 딸을 위해서다. 모두가 학부모는 처음일 것이다. 무엇보다 과거의 나는 대한민국 학교 정규수업에 적응을 잘하지 못해 삐뚤삐뚤 살아왔다. 그런데 아빠를 점점 닮아가는 딸을 보니 내가 걸어온 힘든 길을 걷게 될까봐 더욱더 애가 타들어갔다.

특히 과거 우리가 학교를 다니던 30여 년 전과 견주어 딱히 달라지지 않은 입시제도와 앞만 보고 달리기를 원하는 '경주마' 같은 공부 시스템이 생각만 해도 숨이 막혀오기 때문이다. 그래서 우리 딸을 위해 그리고 우리나라 교육을 위해 어떤 역할을 할 수 있을지 고민을 많이 했다.

그러다가 오래전부터 우리나라 학부모들의 로망이자 인성과 지성을 겸비한 '전인교육의 끝판왕'이라는 유대인을 연구하기 시작했다. 교육관련 업무를 한 지 20여 년, 항상 창의인재의 마지막에는 교육의 '롤 모델', '바이블'로 불리는 '유대인'이 떡하니 자리 잡고 있었다. 하지만 지금 국내에는 그 좋다는 유대인의 교육 시스템이 많이 적용되어 있지 않았다.

왜일까? 마치 전교 일등의 공부법을 알긴 아는데 막상 따라 하기는 힘든 그런 느낌이었다. 기존의 유대인 관련 책은 여과 없이 다소 칭찬일색의 내용으로 한국식 교육현장 정서에 맞지 않는 것이 많았다.

대한민국의 교육현실을 인정할 것은 인정하되 우리 아이들을 4차 산업혁명을 준비하는 미래인재로 키워나가기 위해 실생활에 적용 가능한 부분을 찾아내고자 노력했다. 오랜 시간 유대인을 연구하면서 유대인의 삶에서 부럽기도 하고 배울 수 있는 시사점을 많이 찾을 수 있었다. 무엇보다 놀란 점은 유대인에게 '가정은 최초의 학교였고', '부모는 최고의 스승'이라는 점이었다.

그들은 또한 어른을 공경하고 상대방을 존중한다. 특히 하나의 답을 요구하는 것이 아니라 "100명의 유대인에게 100명의 답이 있다"고 생각한다. 무엇보다 가정교육이 학교교육으로, 사회교육으로 연결되는 진원지였다.

이 책은 자녀교육 철학에 대해 치열하게 고민하는 학부모들에게 거대담론보다는 삶의 나침반이 되는 아주 현실적인 이야기를 나누고자 한다. 냉철하게 한국 교육에 대해 고민해보는 책이 되었으면 한다. 수능이라는 입시환경에서 제한적이지만 아이도 행복하고 부모도 행복한 그런 실질적인 해결책을 유대인의 삶과 우리 일상 속에 발견해 나가고자 한다.

대부분 사람들의 희망사항은 '소중한 가족들과 행복하게 사는 것'이다. 그런 의미에서 우리나라 사람들은 특히 자녀의 교육열에 대한 자부심이 강하다. 하지만 교육열이라면 유대인도 만만치 않다. 하지만 세계 최고의 인재만이 받는 노벨상만 보더라도 유대인은 세계 인구의 0.2퍼센트밖에 되지 않는데 노벨상 수상자의 약 30퍼센트가 유대인이다. 반면 우리나라는 매년 가을 노벨상 시즌이 오면 주변인이 된 듯 실망감을 감추지 못한다.

20년간 학생들의 창의성에 답을 찾고자 동분서주했던 이야기들을 토대로 유대인 관련 연구는 물론 국내외 최고의 현자들이 말하는 자녀교육의 공통분모를 뽑아내고자 노력했다. 이 책을 통해 우리 아이들의 생각그릇이 커져서 인성과 지성을 겸비한 글로벌 리더가 많이 나올 수 있기를 간절히 소망해본다.

참고로 부족한 이 책이 세상에 나오도록 물심양면으로 도와주신 김자영 편집자님께 감사한 마음을 전합니다. 또한 오늘의 내가 있게 해주신 오래전 훌로되신 어머니와 귀한 딸을 선뜻 주신 구미에 살고 계신 장인 장모님께도 감사를 드립니다. 또 글을 쓰는 오랜 기간 묵묵히 응원하고 힘을 불어넣어준 이 세상에서 가장 소중한 아내와 사랑하는 딸 시현이에게도 특별히 감사를 전합니다.

2020년 8월

저자 김태윤 씀

프롤로그

1부_우리 아이 교육 이대로 괜찮은가?

1장 공교육과 사교육 사이에서 갈팡질팡하는 대한민국 부모들

2장 대안은 없는가? 창의성과 인성, 두 마리 토끼를 잡는 유대인의 전인교육

2부_생각그릇이 커지는 『탈무드』 교육법

1장

가정철학
‘우리 아이의 첫 학교 가정’, ‘가족’이라고 쓰고 ‘사랑’이라고 읽는다

자녀교육
자녀는 신이 맡긴 선물이다

3장

창의성 교육
자녀를 가르치기 전에 눈에 감긴 수건부터 풀어라

4장

인성 교육
'나'가 아닌 '우리'로 사는 법을 가르쳐준다

하브루타
'마침표 교육'에서 '물음표 교육'으로

1부

우리 아이 교육 이대로 괜찮은가?

1 장

공교육과 사교육 사이에서 갈팡질팡하는 대한민국 부모들

아이들의 몸과 마음이 점점 아프기 시작했다

어느 신문 기사 내용이다. 서울 마포경찰서 용강지구대는 마포대교 북단에 있다. 최근에 이 지구대에 "다리 난간에 기대우는 사람이 있다"는 신고가 들어왔다. 급하게 경찰이 출동했더니 체격이 건장한 고3 남학생이 고개를 숙이고 있었다. 강남지역에서 학교를 다니는 이 학생은 진로에 대해 아버지와 의견 갈등을 겪다가 세상을 등지려 했다고 한다.

"저는 체육학과에 가고 싶은데 아버지는 허락하지 않으세요. 고3인데 지금부터라도 수학을 공부하라고 하시니 힘들어요. 전 수학 공부가 너무 어려운데……."

경찰은 학생을 안정시킨 뒤 "아버지도 나름의 이유가 있을 거다. 하지만 진로에 대한 생각이 너무 다르니 너를 알고 부모님도 아는 담임 선생님을 찾아가 상담을 받아봐라. 선생님이 말해주면 아버지의 마음도 바뀔지 모른다"고 조언했다. 며칠 뒤 학생은 "선생님과 면담하기로 했다"며 고맙다는 문자를 해당 경찰에게 보내왔다고 한다.

자신이 가고 싶어 하는 학과를 반대한다는 이유로 자녀가 목숨을 끊으려 할 것이라고 생각하는 부모는 거의 없을 것이다. 이 학생의 아버지도 마찬가지였다. 아이를 데려가려고 지구대에 온 아버지는 예체능계 학과에 가려면 소질이 뛰어나야 할 텐데 아이가 그런 것 같지 않아 다른 진로를 찾아주려고 했을 뿐이라며 매우 당혹했다고 한다. 경찰은 "요즘 아이들은 형제자매가 없는 경우가 많고 경제적으로 어려움 없이 자라서 작은 갈등에도 쉽게 충격을 받는 것 같다"고 말했다.

학원가는 것이 스트레스가 된 아이들

뇌 과학과 자녀교육의 관계를 보면 아이가 받는 스트레스는 내면에 부정적인 정서를 쌓게 한다. 결국 자신도 모르는 사이에 부모에게 반감이 생기게 된다. 이런 스트레스는 불안, 두려움, 공포를 가져올 뿐만 아니라 여러 정신 장애의 원인이 될 수 있다. 아이가 스트레스를 받는 요인은 크게 두 가지다.

그 하나는 부모와의 애착관계가 형성되지 않았기 때문이다. 다른 하나는 뇌 발달에 맞지 않는 선행 학습 때문이다. 그렇게 스트레스를 받은 뇌는 자신도 알지 못하는 사이에 부정적인 정서를 축적한다. 그것이 성격으로 나타나면서 아이는 짜증내거나 대들거나 소리 지르거나 욕을 하고 아무나 때리는 이상 행동을 하게 된다. 특히 30여 년 전에만 해도 용어 자체가 생소했던 소아정신과를 요즘 아이들이 많이 찾게 되는 원인이 되었다.

과도한 조기 학습은 아이 스스로 필요하다기보다 부모의 욕심에서 기인하는 경우가 많다. 다른 사람이 좋다면 무조건 따라 하고 보는 부모들의 불안한 심리가 숨어 있다. 일단 '다른 아이들도 하니까 우리 아이도 해야지, 절대 뒤처질 순 없지' 하는 마음이다. 그러면서 부모들은 스스로 위안을 받는다.

그러나 아이 교육에 막연히 잘되겠지 같은 생각은 조심해야 한다. 교육이란 결국 사람을 대상으로 하기 때문이다. 만일 그 학습이 우리 아이에게 맞지 않을 경우를 생각해보아야 한다. 정신적 부담, 실패로 인한 좌절, 정서 발달의 저해 등 장기적으로는 학습동기를 떨어뜨릴 수 있기 때문이다.

즉 평생 공부에 대해 부정적 반응을 보이는 아이로 만들 수 있기 때문이다. 부모는 아이를 교육할 때 그것을 시켜야 하는 명확한 사유가 있어야 하고 결국 누구를 위한 것인지를 철저히 고민해야 한다. 그것이 부모의 욕심이나 불안감 때문인지 되새겨 보아야 한다.

한국은 최근 의사 배출이 많아져 대학 병원이나 개인 병원 의사나 모두 힘들어하고 있다. 그런데 유독 소아정신과만은 예외라고 한다. 이곳은 아이들로 넘쳐난다. 우리 정서상 정신과에 가기란 쉽지 않을 것이다. 그런데도 소아정신과에 이렇게 많은 아이들이 다니는 것은 조기 학습, 영재 광풍이 몰고 온 부작용일수도 있다.

하지만 정작 아이를 소아정신과로 몰고 간 부모들은 자신에게 문제가 있다는 사실을 결코 인정하지 않는다. 그들은 한결같이 아이를 너무 사랑한다고 말한다. 자신이 얼마나 아이 교육에 지금까지 신경 써왔는지 구구절절 설명한다. 그리고 나는 제대로 못 먹고 옷 한 벌 안 사 입어도 아이를 위해 좋은 음식, 좋은 옷을 입히며 최고로 키우고 싶었다고 말한다. 이는 어찌 보면 스토커와 다름없다. 부모의 일방적 사랑인 것이다.

유대인이나 핀란드 부모들은 우리나라 교육을 아동학대

로까지 볼 수도 있다. 무엇이든 발달 과정에 맞는 교육이 중요하기 때문이다. 너무 빨리 진도가 나가면 아이들의 뇌가 망가지고 성격이 무너진다. 그래서 사회와 부모에게 복수하는 것이다. 소리 지르고 친구를 왕따시키고, 죽겠다고 으름장을 놓고 오토바이 타고 돌아다니고, 부모를 욕하고 때리고 결국 게임중독에 빠진다.

10대의 경우 학교 성적, 따돌림 등 학업이나 교우관계 문제가 자살 원인에서 큰 비중을 차지한다. 최근 통계청이 발표한 '자살에 대한 충동과 이유'에 따르면 자살충동을 경험한 적이 있는 13~19세 청소년 중 35.7퍼센트가 학교 성적과 진학 문제를 가장 큰 이유로 꼽았다. 다른 나라에서는 유례없는 사교육 전쟁이 벌어지고 있는 한국의 슬픈 자화상이다. 경제적 어려움(15퍼센트), 가정불화(14퍼센트), 외로움(13퍼센트), 따돌림(11퍼센트) 등이 뒤를 이었다.

한국의 교육에는 사람은 보이지 않고 학교 등수만 보인다. 인격보다 점수를 평가할 뿐이다. 학생자살용 족쇄들이 매일같이 교실에서 우리 아이들을 '교육적으로' 만들고 있다. 최근 6년 동안에도 초·중·고등학교에서 870명의 어린 학생들이 자살했다. 최근 한 해에만 무려 150여 명의 어린 아이들이 목숨을 끊었다. 학교를 떠나 길거리에서 헤매는 중도 탈락 학생들 역시 부지기수다.

우리 학교 교육에 학습은 있지만, 배움이 없다. 그래서 매년 학생 자살이 반복된다. 학습은 성적과 등수를 키우는 일이지만, 배움은 사람을 키우며 인격을 길러내는 힘이다. 배움이란 생명을 존중하게 만드는 힘이다. 자기 마음을 다스리게 하고 자신을 치유하는 자기 단련의 힘이 배움이다. 하지만 안타깝게도 우리 교육에 배움은 없다. 그저 시험에 나올지 알 수 없는 수많은 정보들을 달달 외우게 하고 답안지에 쏟아 내라고 다그치는 학습만이 남아 있을 뿐이다.

'사람을 만드는 교육이 사람을 병들게 하는
모순이 벌어지고 있다'

과거 조정래 작가의 장편 『풀꽃도 꽃이다』를 발간하며 한국교육의 현실을 꼬집은 노老작가의 말이다. 누구든 영혼의 99퍼센트는 고교졸업까지 받은 교육에서 그 뿌리가 만들어진다고 조정래 작가는 이야기했다. 그러나 사람을 사람답게 만들기 위한 교육이 없는 탓에 청소년들이 성적, 왕따, 폭력에 시달리다 죽어가는 게 현실이라고 일침을 놓았다. 그런 이유로 청소년 자살률이 세계 1위라는 점을 강조했다.

신문에 기사로 났던 이야기다. 신문 기고자가 자신의 선배에게 들은 이야기라고 한다.

어느 날 딸아이가 엄마에게 와서 "학교에서 왕따를 당하는 친구가 있는데 그 친구와 아무도 이야기를 하지 않는다"라며 엄마라면 어떻게 하겠느냐고 물었단다. 그러자 엄마는 고민할 것도 없이 너도 그런 애랑 말 섞지 말라며 딸에게 당부를 했다는데 그다음날, 딸아이가 자살을 했다고 한다.

이 왕따 이야기를 듣는 동안 엄마조차 자신을 외면하는 태도를 직접 보면서, 자신의 딸이 느꼈을 슬픔과 절망감이 얼마나 큰 것이었는지는 말하지 않아도 충분히 짐작되고도 남았다.

그 엄마는 또 어떠했겠는가? 딸 이야기인 줄도 모르고 남이야기하듯 무심히 대답한 한마디가 딸을 죽음에 이르게 했다는 죄책감과 미안함으로 아마 평생을 고통 속에서 살아갈 것이라는 생각에 안타까움이 컸다.

가슴 아픈 이야기지만, 냉정하게 우리는 이 이야기 속 엄마의 모습을 바라볼 필요가 있다. 이야기 속 엄마의 모습이 우리의 모습과 별반 다르지 않으며, '설마 나는 아니겠지',

'내 아이는 아닐 거야'라는 자기중심적 심리가 반영된 작은 태도 하나가 이처럼 비극적인 결과를 낳을 수 있다는 점을 인식할 필요가 있기 때문이다.

저 출산이 문제가 될 만큼 우리 사회는 아이를 적게 낳아 기르거나 아예 낳지 않는 풍토가 만연해 있다. 그러다 보니 한두 명뿐인 아이에 대한 부모의 사랑과 관심은 지나치다 싶을 때가 많다. 아이의 인생을 좀 더 좋은 방향으로 안내하기 위해 부모들은 아이를 데리고 최고의 학원, 최고의 선생님을 찾아다닌다.

물론 이 자체가 문제가 되지는 않는다. 문제는 아이들의 인성과 이성이 완성되는 과정에서 승자가 되는 법은 가르쳐 주면서 약자를 배려하는 법이나 실패를 극복하는 법은 가르치지 않는다. 무한 경쟁사회에서 부모들도 누구든지 약자나 실패자가 있을 수 있다는 것을 잘 안다.

하지만 '나는 아니겠지', '내 아이는 다를 거야'라는 생각으로 아이가 약자나 실패자가 될 수 있음을 간과한다. 그러나 언젠가는 약자가 될 수 있고 실패자가 될 수도 있다. 주위에서 도움의 손길을 원하는 목소리가 어느 순간 내 아이의 목소리일 수 있음을 알아야 한다. 주변의 작은 관심과 따뜻한 말 한마디가 슬픈 결말을 행복한 결말로 바꾸어놓을 수 있다.

질문 없는 학교와 사회

오바마 대통령　한국기자들에게 질문권을 드리고 싶군요.

정말 훌륭한 개최국 역할을 해주셨으니까요.

누구 없나요?

(갑자기 오바마 대통령이 한국 기자들에게 질문권을 줍니다. 당황한 걸까요? 어색한 침묵이 흐릅니다.)

오바마 대통령　한국어로 질문하면 아마도 통역이 필요할 겁니다.

사실 통역이 꼭 필요할 겁니다.

(그런데 이때)

루이청강 기자(중국 CCTV) 실망시켜드려 죄송하지만 저는 중국 기자입니다.
제가 아시아를 대표해서 질문해도 될까요?

(한 명의 기자가 일어섰지만 안타깝게도 한국 기자가 아니었습니다.)

오바마 대통령 하지만 공정하게 말해서 저는 한국 기자에게 질문을 요청했어요.

루이청강 기자 그래서 제 생각에는 한국 기자들에게 제가 대신 질문해도 되는지 물어보면 될까요?

(일이 커집니다. 한국 기자들은 뭘 하고 있는 걸까요?)

오바마 대통령 그것은 한국 기자가 질문하고 싶은지에 따라서 결정되겠네요. 없나요? 아무도 없나요?
없나요? 아무도 없나요?

(참 난감합니다. 결국 질문권은 중국 기자에게 넘어갔습니다.)

-중략-

•EBS에서 방영한 2010년 서울에서 열린
G20 폐막 기자회견 장면 가운데에서

사실 이런 모습은 중·고등학교 교실이나 대학교 강의실에서 흔히 볼 수 있다. 선생님은 앞에서 열심히 설명하고 질문을 던지지만 아이들은 고개를 숙여 애써 눈을 마주치지 않는다. 그야말로 질문하지 않는 학생, 토론과 대화를 잃어버린 학교로 가득하다. 우리나라 사람들은 질문을 잘하지 않는다. 사람들 시선에 자유롭지 않다. 질문을 하려면 많은 용기가 필요하고, 자기 검열도 한다. 왜 질문하는 것이 어려운 것일까?

배움은 모르는 것을 향한 탐구이고 질문과 대답은 나의 생각을 키우는 말들이다. 그런데 우리는 언제부터인가 생각하는 말들을 잃어버렸다. 처음 초등학교에 갔을 때 우리는 하루에도 몇 번씩 손을 들고 물었다. 세상은 그야말로 신기함의 연속이었다.

"엄마, 이건 뭐야?"

"하늘은 왜 파란색이야?"

"엄마, 저건 이름이 뭐야?"

"이건 왜 이런 모양이야?"

호기심도 많고, 알고 싶은 것도 많았다. 세상사에 호기심이 넘치던 아이들이 안타깝게도 고학년이 되면 질문을 잃어버린다. 학교에서도 가정에서도 마찬가지다. 어느덧 중학생이 되면 그저 선생님 말씀을 잘 듣고 열심히 받아 적기만 한다.

(궁금한 게 있으면 어떻게 하나요?)

"일단 궁금한 게 안 생겨요. 왜냐하면 공부하는 데 어려운 것만 시키고 계속 프린트랑 책만 읽게 하니까 궁금한 게 생기지도 않고 그냥 수업한다는식 그것밖에 안 돼요."

● 이지혜 중학생

(우리 학교에 무슨 일이 있는 걸까? 아이들에게 물어보았다. 학교에서 주로 어떤 이야기를 듣나요?)

"수업시간에 무슨 말을 많이 듣냐고요?"
"칠판 봐~ 조용히 해라~ 너희들에게 도움이 되는 데 집중 좀 해라~."
"정신 차려~ 그만 떠들어~."

우리의 뇌는 질문했을 때 비로소 움직이기 시작한다. 생각 없이 받아들이기만 하는 교육, 답만 찾아다니는 교육은 분명

한계가 있다. 그리고 아이가 다소 엉뚱한 답을 하더라도 개성을 인정해주어야 한다.

"무슨 그런 엉뚱한 대답이 다 있어~!"

"이상한 소리 하지 말고 공부나 해!"

기성세대들의 이런 말이 우리 아이들의 창의력과 폭넓은 사고를 방해한다. 다소 엉뚱한 생각, 황당한 생각들이 그동안 이 세상을 바꾸어왔다. 다양하게 사고할 줄 아는 아이로 만들어야 한다. 배움은 '왜?'라는 기초적인 궁금증이 있을 때 비로소 힘이 생기기 때문이다.

우리나라는 유치원부터 초등학교, 중·고등학교 심지어 대학교까지 20년 가까이 일관되게 교사가 말하고 아이들이 듣고 받아 적는 교육이었다. 아무리 실험 및 체험 중심, 열린 교육이라고 말해도 학생은 앉아서 듣고 교사가 설명하는 형태를 벗어나지 못했다.

선생님 말씀을 듣고 노트에 받아 적으면서 조용한 학생들 그리고 학생들의 궁금증에는 큰 관심 없이 그저 준비해온 학습 내용을 단순히 전달하는 선생님, 이것이 전형적인 우리 교실 풍경이다.

이런 문제로 인해 우리 아이들은 탁월한 암기력과 정답을 귀신처럼 찾아내는 능력이 타의 추종을 불허한다. 이 모든 것이 명문 대학에 입학하고 대기업에 취직하는 시험을 위한 것이다. 공부에 대한 호기심이나 학문에 대한 즐거움이 없다. 우리나라 학생들은 질문을 안 하면 중간은 간다No question is smart고 생각하지만 유대인이나 교육 선진국에서는 질문을 안 하면 바보No question is stupid로 간주한다.

아이들은 원래 호기심으로 똘똘 뭉쳐 있는 존재다. 심심한 것을 싫어해서 주변의 모든 것을 알고 싶어 발버둥친다. 호기심이 먼저 있고 그다음에 지식이 있는 것이다. 아이들에게는 모르는 것을 알아가는 과정 자체가 게임처럼 즐거운 놀이다. 그런데 우리나라 교육은 지식을 먼저 우겨 넣고 그다음에 호기심을 강요한다. 순서가 바뀌어버렸다. 우리 아이들은 자연스럽게 공부가 지겨워지고 괴롭게 된다.

한마디로 아이들의 기를 살려주는 교육이 유대인 교육의 특징이다. 우리나라는 교육열로 따지면 세계 최고 수준이다. 그런데 상대적으로 국제적 인재는 많지 않다. 우리도 이제 선진국의 질문 교육을 받아들여야 한다. 이제 질문에 답하는 사람이 아니라 질문을 내는 사람이 필요한 시대이기 때문이다. 남과 다른 생각을 하는 아이가 인공지능 시대, 4차 산업혁명

시대를 이끌어갈 수 있기 때문이다.

우리의 아이들이 초등학교 저학년 때 "선생님, 저요~ 저요~" 하고 서로 질문하려고 애를 쓰던 그런 모습을 계속 유지할 수 있는 방법을 가정에서 사회에서 고민해보아야 할 때다. 어디서 문제가 시작되었는지 곰곰이 따져보아야 한다. 유대인은 물론 교육 선진국에서는 아이들의 질문이 끊어지지 않게 아이들의 호기심과 궁금증을 자극한다. 그리고 어떤 질문에 대해서도 평가하지 않는다. 우리 아이들의 생각그릇이 작아지지 않게 우리 부모들부터 아이들의 질문이 끊어지지 않게 마중물이 되어주어야 할 것이다.

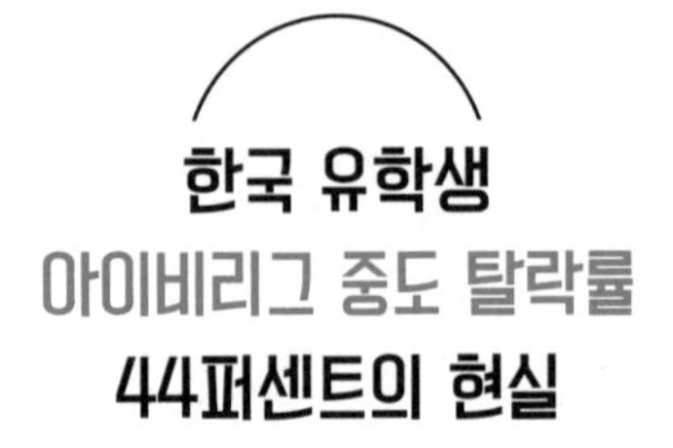

한국 유학생 아이비리그 중도 탈락률 44퍼센트의 현실

‘4당 5락’이라고 하여 ‘4시간 자면 붙고 5시간 자면 떨어진다’는 말이 있다. 4당 5락은 아니더라도 잠을 줄여가며 전 세계인이 동경하는 미국 아이비리그에 입학한 한국 유학생 10명 중 4.4명이 중도에 학업을 그만둔다고 한다. 입학생 중 44퍼센트가 중도 탈락한다는 통계는 가히 충격적이다.

재미 교포인 김승기 박사는 컬럼비아대학교 사범대 박사 논문 〈한인 명문대생 연구〉에서 1985년부터 2007년 하버드와 예일, 코넬, 컬럼비아, 스탠퍼드 등 14개 명문대에 입학한 한인 학생 1,400명을 분석했다. 그 결과 입학생 중 56퍼센트인 784명만 졸업했다. 중퇴율이 44퍼센트에 달했다. 이는 유대인 중퇴율이 12.5퍼센트, 인도인 21.5퍼센트, 중국인 25퍼센트보다 월등히 높은 수치였다.

우리나라는 입시 위주의 주입식 교육을 하다 보니 인성이나 창의적 사고력이 부족한 경우가 많았다. 즉 입학에만 몰두하고 그다음에 진짜 공부를 어떻게 할지, 대학이나 학과가 나에게 맞는지 어떤지 생각을 많이 하지 않는다는 것이다.

미국 대학교에서는 대부분 토론하고 대안을 제시하고 그룹 프로젝트를 주로 진행한다. 책상에 앉아서 공부만 한 우리나라 학생들은 적응하기 어렵다. 특히 부모의 등살에 떠밀려 대학에 들어간 경우는 동기부여가 약하다. 자신이 주도적으로 공부의 의미를 못 찾고 방황만 하다가 결국 실패를 맛보게 된다. 이들 대부분은 부모나 사교육 강사가 만든 우등생이기 때문이다.

특히 아이비리그 탈락률이 높은 까닭은 공부 방법에 문제가 있어서이다. 혼자 독서실에서 책과 씨름하며 빠른 시간에 많이 외우는 공부를 10년 넘게 해온 학생들이 토론과 논쟁, 팀 프로젝트 등을 수행하기에는 한계가 있기 때문이다. 전 세계에서 똑똑한 학생들만 모인 곳이라 조금만 뒤지면 금방 차이가 벌어진다. 책만 많이 외운 우리나라 학생들은 지식이 많을지 모르지만 그 지식을 내 것으로 소화해서 내 의견으로 만든 경험이 턱없이 부족하다.

아이비리그에서는 책 내용을 외우고 그대로 이야기하는 것보다 저자가 어떤 의도로 썼는지를 더 중시한다. 책이나 교과서의 지식은 사실 남의 의견이다. 나만의 의견이 없다면 처음부터 토론이 불가능하다.

김 박사가 같은 기간 미국의 경제전문지 『포춘』이 선정한 500대 기업에 한국 출신 간부 현황을 조사한 결과도 충격적이다. 한국인은 전체의 0.3퍼센트에 불과했다. 그와 견주어 유대인은 41.5퍼센트였다. 미국 유학생 중 한국인 비율은 세계 1, 2위를 달리지만 미국 기업에서 인정받는 성공적인 기업가는 형편없이 비율이 낮았다.

대학이나 대학원은 철저하게 자기주도 학습을 요구한다. 사교육이나 타율에 익숙한 한국 학생들이 부모와 학교 공부에서 해방되는 순간 공부를 해야 하는 동력을 상실해버리는 것이다.

공부는 100미터 달리기가 아니라 장거리 마라톤이다

우리나라는 입시 경쟁이 너무 치열하다 보니 단기간에 뇌가 집중적으로 혹사당한다. 사람은 정신적 긴장감을 지속적으로 유지하기가 쉽지 않다. 중간 중간 휴식 없는 전력질주는 오래 달리지 못한다. 고등학교 때까지 과속하던 학생이 대학에 들어가서 털썩 주저앉는 이유다. 공부는 반드시 마라톤처럼 생각해야 한다. 개인별 차이, 과목별 차이, 시기별 차이를 존중해 무리하지 않고 자기 걸음대로 갈 수 있도록 아이들을 배려해야 한다.

유대인 학생들의 국제학업 성취도나 올림피아드 성적은 한국, 싱가포르, 중국, 베트남 등 아시아권 학생들과 견주면 낮다. 그런데 정작 대학교나 대학원에서 학업 성취도는 남다르다. 대학 졸업 후 연구 성과는 더욱 빛난다. 과학, 의학 분야에 한국인 노벨상 수상자는 단 한 명도 없다. 하지만 유대인은 이 분야 노벨상의 3분의 1 정도를 차지한다. 그 이유는 공부를 평생공부로 생각하고 과속하지 않기 때문이다. 유대인에게 배움은 삶 자체다. 공부란 학교에서만 하는 것이 아니라 일생 동안 함께할 친구로 생각하기 때문이다.

따라서 초반에 너무 급하게 달리면 중도에 포기하게 된다.

유대인 문화에 헌 책방이 존재하지 않는다. 책을 평생 함께하는 소중한 자산으로 여기며 후손들에게 물려줘야 한다고 생각하기 때문이다. 특히 유대인들은 자기가 좋아하는 것을 찾아 스스로 공부한다. 미국 명문대의 학사 운영이 대화와 토론인 것도 유대인들이 높은 학업 성취도를 보이는 요인으로 작용한다.

유대인 학교에는 성적표가 없다?

유대인의 교육 효과가 뒤늦게 빛을 발하는 이유는 자녀의 성적에 일희일비하지 않기 때문이다. 유대인들은 아이들의 개성을 존중한다. 당장의 성적을 이유로 아이들을 다그치거나 공부를 강요하지 않는다. 특히 유대인 학교에는 아이들 등수와 성적표가 없다고 한다. 성적보다 배움의 의미를 이해시키고, 공부에 흥미와 자신감을 갖게 하기 때문이다. 한국 부모들처럼 경쟁에서 뒤쳐져 평생 낙오될까 걱정하기보다 아이의 성장 단계에 맞춰 가능성을 생각한다. 개성을 살리되 자기 속도대로 끈기 있게 학습하도록 유도해서 성공 확률을 높인다.

한국 부모는 어릴 때부터 성적이 우수한 아이로 키우기 위해 공부만 강조하고 공동체 생활과 인간관계를 소홀히 한다. 학교, 학원, 집만 오가면서 다른 사람과 소통하지 않고 공부만 한 아이들은 성적이 높겠지만 인성이나 사회성은 부족하다. 이런 아이들이 직장생활을 하더라도 다른 사람에 대한 배려가 부족한 것은 물론 소통능력이 떨어져서 중요한 일을 능숙하게 대처하지 못한다. 직장에서 가장 중요한 창의적인 아이디어를 제안하지 못하고 상사가 시키는 일만 수동적으로 하게 된다. 간부로 자리 잡기 힘들어 마침내 스스로 고립된다.

이처럼 부족한 인간관계는 나와 다른 시각으로 보고 다른 생각을 할 수 있음을 받아들이는 능력도 떨어지게 된다. 특히 언제라도 나의 주장이 틀릴 수 있다는 개방적 사고를 해야 한다. 만일 나의 주장이 틀렸거나 상대방의 주장이 옳다고 판단하면 기꺼이 내 생각을 바꿀 마음의 준비가 되어 있어야 한다. 토론할 준비가 된 사람은 곧 다른 사람에게 설득당할 준비가 되어 있는 사람이다.

어느 유명대학 경제학과 교수는 미국 유학시절 처음에는 자신의 수학성적이 가장 좋았다고 한다. 자신의 고3 때 수학실력이 꽤 좋았기 때문이다. 그런데 졸업할 즈음에는 수학실력이 최하위 그룹이었다고 한다.

미국 학생들은 한국 학생처럼 공식을 단순 암기하지 않았다. 공식의 기본 원리를 깨우치고 터득하려고 부단히 노력했다. 일단 이해하고 난 다음부터는 아무리 문제가 응용이 되어 나와도 쉽게 푼 것과 견주면 한국 학생들은 공식에서 조금만 벗어나도 문제 풀기가 너무 힘들었기 때문이다.

우리가 아이들에게 가르쳐줘야 할 인생도 같을 것이다. 복잡하게 급변하는 환경을 어떻게 헤쳐 나갈 것인지에 대해 알려주지 않고 스펙을 위해 학교성적만 높이는 것은 수학 공부를 할 때 공식만 달달 외우는 것과 크게 다르지 않다. 우리의 인생은 저차원 방정식이 아니라 고차원 수학문제를 풀어가듯 다양한 변수가 숨어 있기 때문이다. 앞으로 우리 아이가 마주할 자신만의 험난한 인생을 위해 단기적인 시야에서 벗어나 평생 배움의 자세를 만들어주는 것이 무엇보다 필요할 것이다.

2
장

대안은 없는가?

창의성과 인성,
두 마리 토끼를 잡는
유대인의 전인교육

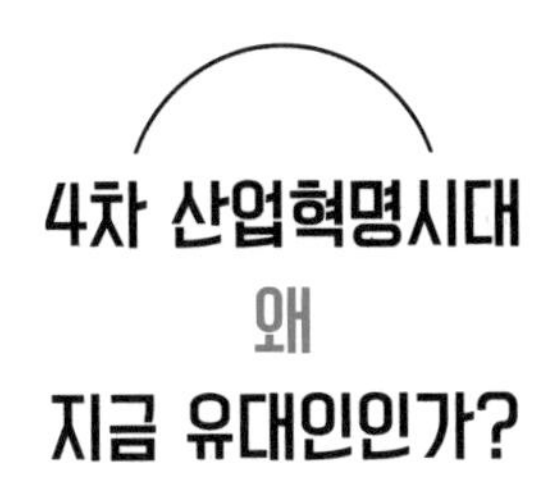

4차 산업혁명시대 왜 지금 유대인인가?

미국 최대 시사주간지 『US 뉴스 앤드 월드리포트』는 '천재들의 비밀-20세기를 조각한 3명의 위인'이라는 제목으로 특별호를 발간한 적이 있다. 표지를 장식한 3명의 위인은 다름 아닌 아인슈타인, 마르크스, 프로이트였다.

아인슈타인은 공간, 시간, 중력에 관한 새로운 사고를 창안했다. 뉴턴은 물리학을 뛰어넘은 현대과학의 선구자다. 마르크스는 자본주의를 냉철하고 객관적으로 분석한 과학적 사회주의의 창시자다. 프로이트는 정신분석학의 창시자로 인간의 자아나 의식이 어떻게 기능하는지를 연구하는 데 지대한 공헌을 했다.

세계 각지에서 파워 엘리트를 형성한 유대인

인류사에 큰 발자취를 남긴 인물들이 우연의 일치처럼 모두 유대인이라는 사실은 경이롭기까지 하다. 하지만 더 놀라운 점은 막강한 유대인의 힘이 과거의 역사가 아니라 현재 진행형이라는 사실이다.

금융 명문가 로스차일드, 석유 왕 록펠러, 투자계의 거목 조지 소로스, 미국 경제 대통령이었던 앨런 그린스펀, 커피가 아니라 문화를 판다는 스타벅스 창업자 하워드 슐츠, 허쉬 초콜릿 창업자 밀턴 허시, 던킨 도넛 창업자 윌리엄 로젠버그, 하겐다즈 창업자 루빈 매터스, 배스킨라빈스 창업자 어빈 로빈스, 마이크로소프트 창업자 스티븐 발머, 오라클 창업자 래리 엘리슨, 구글 공동창업자 세르게이 브린과 래리 페이지, 미국 최초의 노벨경제학상 수상자 폴 새뮤얼슨, 노벨평화상을 받은 외교관 헨리 키신저, '퓰리처상'을 만든 조지프 퓰리처, 신 빼고는 모두 인터뷰한다는 전설적인 앵커 래리 킹, 바이올리니스트 아이작 스턴, 작곡자 조지 거슈윈, 지휘자 레너드 번

스타인, 작가 앙드레 지드와 프루스트, 화가 샤갈과 모딜리아니와 피카소, 구겐하임 미술관을 세우고 운영한 솔로몬 구겐하임과 페기 구겐하임, 시인 하이네, 〈세일즈맨의 죽음〉으로 유명한 극작가 아서 밀러, 할리우드를 개척한 희극배우 채플린, 영화감독 스티븐 스필버그 등 정치, 경제, 사회, 언론, 문화 등 전 영역에 걸쳐 유대인들의 영향력은 그물망처럼 전 세계를 둘러싸고 있다.

유대인 인구는 1,500만 명 정도로 추정한다. 우리나라 인구의 절반도 안 되는 작은 숫자다. 그중 830만 명이 조국 이스라엘에 거주한다. 나머지 유대인은 전 세계 곳곳에 흩어져 산다. 특히 유대인은 전 세계 대도시에 주로 산다. 인구상으로는 비중이 미미한 유대인들이 지구촌에 미치는 영향력은 막강하다.

특히 미국 인구의 약 2퍼센트를 차지하는 유대인의 소득 규모는 미국 전체 GDP의 약 15퍼센트를 차지한다. 남과 다른 사고, 남의 마음을 끌어당기는 설득력, 이 세상의 공기처럼 지구촌 곳곳에 스며들어 마침내 정상에 서겠다는 집념, 이 모든 것들이 유대인으로 하여금 세계 경제에서 최고의 위상을 만들었다.

이처럼 유대인의 능력이 우수한 것은 아주 어릴 때부터 추상적인 개념의 하느님을 깊이 생각하는 습관 때문이다. 세계적인 기억력의 대가인 에란 카츠는 유대인의 성공비결로 상상력을 꼽았다. 유대인은 고대로부터 우상숭배를 금하고 눈에 보이지 않는 하느님을 섬겼다. 즉 실체가 없는 추상적 개념을 믿었다. 추상능력은 상상력을 기반으로 한다. 이런 상상력은 불가능해 보이더라도 진심으로 꿈꾸고 상상하는 순간 목표에 다가서게 만든다. 유대인의 성공은 바로 끊임없는 상상력에서 나온 것이다.

또 유대인은 어느 민족보다 전해 내려오는 조상들의 이야기가 많다. 이집트 노예로 핍박받던 유대인들을 탈출시킨 예언자 모세, 돌팔매질로 거인 골리앗을 쓰러뜨린 소년 다윗, 잠든 틈에 머리카락이 잘려 괴력을 상실한 삼손, 고래 속에 들어갔다가 살아서 나온 요나 등 이야기가 무궁무진하다. 유대인은 아이들에게 배움이란 꿀처럼 달콤하다는 인식을 심어주기 위해 풍성한 이야기들을 적극적으로 활용한다.

그래서인지 전 세계 영화계에 유독 유대인이 많다. 영화는 다양한 이야기를 묶어 놓은 것이다. 세계 영화산업의 메카 '할리우드'를 점령한 유대인의 힘은 바로 스토리텔링에서 비롯한다. 여기에는 유대인의 공동체 네트워크도 한몫한다. 사실 예술가들이 가장 부족한 부분이 협동과 연결이다. 예술가들은 각자 개성이 뚜렷하고 자존심이 강해서 다른 사람과 잘 어울리지 않는다.

그러나 유대인들은 종합예술인 영화영역에서 공동체의식을 충분히 발휘한다. 각자가 맡은 분야에서 협력하며 자기 일을 훌륭하게 수행한다. 어떤 영역에서든 탁월한 성과를 내서인지 우리나라 사람들은 유독 유대인에 대해 관대한 편이다. 우리에게 유대인이란 노벨상을 가장 많이 받는 부러운 민족, 전쟁 중인 조국을 위해 자신의 평온한 삶을 포기하고 이스라엘로 자원입대하는 애국심이 강한 민족, 2,000년간 고향 없이 떠돌다가 마침내 조상의 땅으로 돌아와 사막을 옥토로 바꾼 끈기의 민족, 세계의 경제와 사상을 지배하는 민족으로 통한다. 하지만 무엇보다 빼놓을 수 없는 것이 바로 '교육열'이다.

'질문'을 자녀교육의 가장 중요한 요소라고 생각하는 유대인 부모는 항상 아이에게 질문한다. 부모에게 질문을 받은 아이는 답을 찾기 위해 끊임없이 고민한다. 부모의 의견에 대응하기 위해 논리적인 방안을 찾고 고심하는 과정에 생각그릇이 커지면서 지혜가 자란다. 단순히 정답을 찾는 것이 아니라 새로운 문제를 내기 위해 자녀들에게 최적의 교육 환경을 제공하는 것이다.

유대인들에게 맞고 틀린 것은 큰 의미가 없다. 정답을 찾는 것이 아니기 때문이다. 어릴 때부터 자기 생각을 자유롭게 개진하지 못하는 아이는 성인이 되어도 논리적으로 말하지 못한다. 하지만 유대인 아이들은 다르다. 어릴 때부터 『탈무드』 교육뿐만 아니라 일상 속에서 자연스럽게 부모와 대화하며 자기 생각을 말하는 습관을 키웠다. 항상 자신의 의견이 존중받았기 때문에 자기 의견을 내는 것을 두려워하지 않는다.

이스라엘은 우리나라와 비슷하게 천연자원이 부족한 나라다. 그래서 우수한 인적 자원 개발에 투자했다. 전통과 인재에 대한 가치 그리고 남과 다른 방식으로 새로운 해결책을 찾는 혁신적 사고방식을 중요하게 여겼다. 이런 토대로 인해 유명 과학자, 노벨상 수상자까지 만들어냈다. 여기서 유대인의 정체성을 한번 정의할 필요가 있다. 유대인이란 기본적으로 두 가지로 정의한다.

첫째, 모계혈통을 중시한다. 즉 어머니가 유대인이라면 아버지가 유대인이 아니더라도 자식은 유대인으로 인정한다. 배우 해리슨 포드가 여기에 해당한다.

둘째, 유대교를 믿으면 유대인으로 인정한다. 타 종교를 믿었더라도 유대교로 개종하면 유대인으로 간주한다. 배우 엘리자베스 테일러나 마릴린 먼로가 여기에 해당한다.

배우 기네스 팰트로처럼 아버지만 유대인이라면 유대인

으로 조건부로 인정한다. 이 경우도 유대교 신자는 필수조건이다. 논란이 있다면 최종 심사는 유대교 성직자인 '랍비Rabbi'가 판단한다. 결론적으로 유대인의 정체성은 종교이지 혈통이 아니다. 그러므로 오늘날 순수한 유대민족은 존재하지 않는다고 볼 수 있다.

유대인은 전 영역에서 골고루 우수한 능력을 보이지만 특히 금융과 언론, 문화예술, 정보기술IT 등 '두뇌산업' 분야에서 탁월한 업적을 이루었다. 그 이유는 『탈무드』의 영향으로 사고가 논리적이기 때문이다. 특히 지적 호기심과 상상력을 자극하는 창의성을 중점적으로 배양해왔기 때문이다. 그런 영향으로 유대인을 대표하는 직종은 교수, 의사, 변호사, 언론인, 금융업, 영화제작자, 감독, 배우, 작곡가, 지휘자, 화가 등 다양한 영역에서 발군의 능력을 보이고 있다.

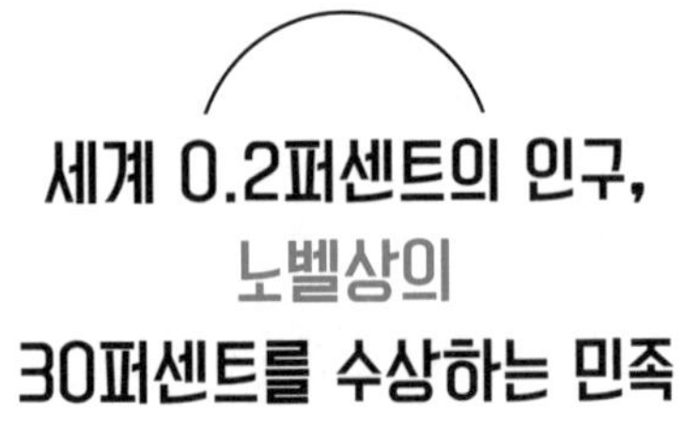

세계 0.2퍼센트의 인구, 노벨상의 30퍼센트를 수상하는 민족

유대인은 전 세계 인구 중 0.2퍼센트밖에 되지 않는다. 하지만 역대 노벨상 수상자의 약 20~30퍼센트를 차지한다. 현재 이스라엘 인구는 약 830만 명이다. 나머지 유대인은 전 세계에 흩어져 있으며 그중 상당수가 아메리카 대륙에 있다. 전 세계에서 유대인으로 분류되는 인구는 약 1,500만 명으로 전 세계 인구 75억 명 중 약 0.2퍼센트에 불과하다.

그러나 역대 노벨상 수상자 중 유대인의 비율은 거기에 대략 110배를 곱해야 한다. 1901년부터 최근까지 의학 53명, 물리학 53명, 화학 36명, 경제학 31명, 문학 15명, 평화 5명

등 총 200명의 수상자가 유대인이었다.

미국 명문대학에 있는 유대인 교수나 학생도 많다. 미국 명문대 교수의 약 40퍼센트, 하버드, 와튼 스쿨 대학원생의 약 30퍼센트, 아이비리그 대학원생의 약 25퍼센트가 유대인이다. 결론적으로 미국 명문대 학생들은 유대인 교수에게 배우고, 유대인 학생과 교류하며, 자연스럽게 유대인 문화에 익숙해진다.

유대인 소유의 글로벌 기업이 세계 500대 기업 경영진의 41.5퍼센트를 차지한다. 세계 100대 기업의 80퍼센트가 이스라엘에 R&D 연구소를 두고 있다. 로스차일드, JP모건, 엑슨 모빌, 록펠러, 시티그룹, 로열더치셸(로스차일드 가문 소유) 등을 비롯한 유대자본은 세계 금융계를 장악했다.

유대인의 교육 분야 영향력은 특히 막강하다. 한때 아이비리그 주요 대학의 유대인 학생 비율이 40퍼센트를 넘었다. 이 때문에 유대인들의 독주에 위기를 느낀 교육부는 SAT, 쿼터제도, 주관적 평가 시스템 등을 도입했다. 그러나 이러한 조치에도 유대인 학생의 비율은 현재 20~30퍼센트를 차지한다. 또 중·고등학교 교사 중 절반 가까운 숫자가 유대인이라는 통계도 있다.

수천 년간 하느님의 율법을 공부하며 살아온 유대인은 법조계에 많이 진출한다. 유대인은 미국 명문대 로스쿨 재학생 중 평균 30퍼센트를 차지한다. UC버클리대학교의 유진 볼로크 교수연구에 따르면 미국 전체 법대 교수의 26퍼센트가 유대인이라는 통계도 있다. 일반적으로 연방 대법관 9명 중 3명이 유대인이다. 법조계에서 막강한 영향력 때문에 '재판에서 승소하려면 유대인 변호사를 구하라'는 말이 나돌 정도라고 한다.

언론계도 마찬가지다. 하브루타를 통해 어릴 때부터 논리력을 높인 유대인이 언론 분야를 장악하는 것은 어떻게 보면 당연하다. 『뉴욕 타임즈』, 『워싱턴 포스트』, 『월스트리트 저널』, 『뉴스위크』 등 미 언론계를 이끄는 언론사들은 대부분 유대인이 소유하고 있다. 또 기자와 칼럼리스트의 30퍼센트 이상이 유대인이다.

미국의 NBA, ABC, CBS, CNN, FOX와 영국의 유명한 공영방송 BBC도 유대인이 소유하거나 영향력을 행사하고 있다. 보도진이나 앵커들 대부분이 유대인이다. 세계적인 통신사 UPI, AP, AFP도 유대인 소유다. 영국의 최대 통신사이자 세계 3대 통신사인 로이터 통신도 유대인인 파울 율리우스 로이터가 세웠다. 토론과 논쟁 문화에 익숙한 유대인은 뛰어난 언변, 왕성한 호기심과 상상력으로 방송국 곳곳에서 영향력을 과시하고 있다.

할리우드 영화는 전 세계에서 상영되는 영화의 약 85퍼센트를 차지한다. 할리우드 영화도 시작은 유대인들에게서 비롯되었다. 1930년대까지 영화시장을 독점하던 영화사들은 모두 유대인이 소유하고 있다. 할리우드의 감독, 시나리오 작가, 제작자 등 영화계 인사 중 60퍼센트 이상이 유대인이다. 특히 미국의 7대 메이저 영화사인 파라마운트, MGM, 워너브라더스, 유니버설스튜디오, 20세기 폭스, 컬럼비아, 디즈니 중에서 디즈니를 뺀 나머지 여섯 영화사들을 유대인이 창업했다. 아직까지도 할리우드 영화계의 상당수를 차지하고 있는 영향력 때문에 유대인과 인연이 없으면 성공하기 어려울 정도라고 한다.

영화계뿐 아니라 미국 코미디언들의 80퍼센트가 유대인이다. 『탈무드』에는 다양한 유머들이 곳곳에 숨어 있다. 『탈무드』를 바탕으로 한 유대인의 유머는 재치와 위트뿐 아니라 민족의 역경과 고난을 극복하게 해주는 힘이었다.

유머 감각이 뛰어난 사람은 사고가 유연하고 창조적이다. 유대인은 혼자 공부만 열심히 하는 사람은 성공하기 어렵다고 간주한다. 근면하고 고지식한 사람에게 개성과 상상력이 들어설 자리가 없기 때문이다. 유머는 수수께끼처럼 연상 능력과 순발력, 빠른 두뇌회전을 필요로 한다. 유머로 먹고사는 코미디언들 중에 유대인이 유독 많은 것도 이런 환경 때문이다.

전체적으로 미국은 정치, 경제, 사회, 문화 등에서 유대인들의 영향력이 닿지 않는 곳이 없다. 이 같은 상황은 러시아에서도 비슷하다. 러시아 인구의 1퍼센트밖에 안 되는 150만 명의 유대계 러시아인들이 개방 이후 정치, 경제, 언론, 학계를 움직이고 있기 때문이다.

이런 탁월한 유대인들의 성공 비결은 어디에서 오는 것일까? 우월한 유전자일까? 아니다. 과거 핀란드 헬싱키대학교가 세계 185개 나라 국민들의 IQ를 조사한 결과 이스라엘 국민들의 평균 IQ는 95(26위)로 한국(106, 2위)이나 미국(98, 19위)보다도 낮았다.

실리콘밸리의 유대인 국제변호사 앤드류 서터는 유대인의 성공법칙을 담은 책 『더 룰The Rule』에서 "유대인의 성공비결을 유전자나 생물학적 특성이라고 간주하는 건 환상에 불과하다"고 지적했다.

그렇다면 유대인이 성공하는 진짜 비밀은 무엇일가? 정답은 '교육'이다. 유대인의 우수성은 그들의 독특한 교육 방법 때문이다. 독특하다고 했지만, 사실 누구나 알 수 있는 평범한 내용들이 대부분이다. 유대인 교육의 핵심은 지식교육과 인성

교육의 균형, 즉 흔히 말하는 전인교육全人教育이기 때문이다.

우리나라 부모들은 오래전부터 유대인 자녀교육법에 관심이 많았다. 시중에는 유대인 관련 책이 다양하게 나와 있다. 하지만 우리는 여전히 유대인을 부러워하는 처지에 머물러 있다. 그런데 실제 유대인 사회를 들여다보면 이상한 점을 발견할 수 있다. 유대인 하면 노벨상을 떠올릴 정도지만 정작 유대인들은 우리가 예상하는 만큼 노벨상을 대단하게 여기지 않는다는 것이다.

예를 들어 미국 로스앤젤레스에 있는 예시바 스쿨(정통 유대인 학교) 복도에 걸려 있는 초상화 인물들은 하나같이 이스라엘 검은색 전통 복장에 흰 수염을 길게 기른 랍비들이다. 그 많은 노벨상 수상자들이나 세상을 바꾼 위대한 유대인인 프로이트, 마르크스, 아인슈타인 대신 랍비들의 초상화를 걸어두는 이유는 무엇일까?

정통파 유대인들에게 지적인 수준에서 노벨상 수상자를 '2류 정도'로 여긴다. 즉 당대에 존경받는 랍비들이 최고의 지성으로 인정받는 것이다. 노벨상을 수상한 학자들은 상대적으로 『토라』와 『탈무드』 공부를 소홀히 한 것으로 여기기 때문이다. 유대인 공동체 신문에 그 해의 노벨상 수상자 소식이 하단에 작게 단신으로 실릴 뿐이다. 그보다 더 중요하게 여기는 기사는 지역에 사는 유대인 활동이나 최근에 있었던 유대인 명절에 대한 이야기다.

결론적으로 유대인 학생들은 노벨상이나 아이비리그 등 우리가 일반적으로 생각하는 세속적인 목표로 공부하지 않는다. 그런 과실은 『토라』와 『탈무드』의 가르침대로 살아가는 과정에 부수적으로 따라올 뿐이다.

우리나라 주입식 교육은 항상 비판의 대상이었지만 지나 보면 효율적인 측면도 있었다. 성실한 학생들을 대상으로 단기간 대량의 지식을 익히려면 집중적으로 외우고 시험 보고, 경쟁시키는 방법이 최선이었다. 그 결과로 우리나라가 선진국들을 따라잡는 빠른 추종자Fast Follower가 될 수 있었다. 하지만 이제 4차 산업혁명 시대에는 누군가를 따라잡는 수준을 넘어 세계의 흐름을 주도할 선도자First Mover가 돼야 한다. 이제 역으로 주입식 교육의 한계가 우리를 가로막고 있는 것이다.

그런 의미에서 우리 교육의 혁신이 필요하며 유대인 전인 교육이 대안이 될 수 있다. 그렇다고 벤치마킹할 유대인 교육의 목표가 창의력이나 노벨상 수상만 되어서는 곤란하다. 노벨상처럼 눈에 보이는 목표를 가질수록 오히려 멀어질 수 있기 때문이다. 예를 들어 우리나라 수학이나 과학 올림피아드에서 매년 수많은 입상자가 나와도 노벨상의 학문적 수준에는 크게 미치지 못한다.

학교를 비롯해 다양한 교육기관에서 혁신적이라는 유대인식 교육 프로그램으로 토론이나 독서, 창의력 계발을 시도해도 그동안 큰 성과가 없었다. 대한민국 영재들을 한 곳에 모아 유대인식으로 가르쳐도 결과는 비슷했다. 실제로 지난 30~40년 동안 전국 최고의 수재들을 서울대학교에 모아놓고 집중적으로 가르쳤지만 노벨상 수상자는 아직 나오지 않고 있다. 좀 더 어릴 때부터 영재원에 보내고 과학고에 모아놓고 기숙사 생활을 하며 최고의 교수진이 가르쳐도 노벨상 수상소식은 아직 들리지 않는다.

유대인 같은 학문적 성취를 원한다면 단순히 영재 프로그램을 만드는 것이 아니라 가정교육이 바로 서야 한다. 유대인들의 삶을 지배하는 정체성은 크게 세 가지다. 바로 자선(쩨다카)과 안식일 그리고 코셔(음식 규례)다. 쉽게 말하면 나누고 베풀고 일주일에 하루는 안식일을 통해 온전히 가족과 보내며 재충전의 시간을 가지는 것이다. 바른 사람들과 바르게 생산한 건강한 먹을거리로 제대로 먹는 것이다. 결국 무엇을 먹고, 어떻게 쉬고, 어떻게 살아야 하는지를 일상에서 가르치고 실천하는 것이다.

또 노벨상 수상이나 아이비리그 진학 같은 근시안적인 목표보다 어떻게 사는 것이 세상에 도움이 되는 올바른 삶인지, 내가 살아가는 궁극적인 이유는 무엇인지, 배우자와 자녀들과 함께 끊임없이 공부하고 토론해야 한다.

노벨상으로 상징되는 각 분야의 빛나는 성과물은 어느 한 시기의 집중적인 교육으로 이루어진 것이 아니다. 어릴 때부터 삶의 가치를 일상에서 실천하며 하루하루 충실하게 살아가는 자세, 경쟁을 통해 남을 이겨서 더 좋은 결과를 얻기보다는 자신만의 장기적 목표를 위해 묵묵히 걸어가는 과정에서 자연스레 주어지는 것이다.

사실 노벨상이나 아이비리그로 대변되는 세속의 꿈은 과연 누구의 꿈인가? 가만히 들여다보면 부모의 욕심이기 쉽다. 부모의 꿈을 아이가 대신 이루는 수단으로 자녀를 바라보는 순간 자녀교육에 대한 관심은 '독'으로 변해 아이를 아프게 하고 부모와 자식 사이를 비극으로 치닫게 할 뿐이다.

랍비 메이르가 한동안 집을 비웠다가 돌아왔다. 아이들은 어디에 있느냐고 묻자, 아내가 다른 곳에 있으니 식사부터 하라고 말했다. 식사를 마친 후 메이르가 다시 아이들에 대해 물으니 아내가 이렇게 되물었다.

"일전에 한 부자가 제게 보석 둘을 맡기고 가셨는데 최근에 찾아와서 보석을 돌려달라고 하셨습니다. 어떻게 해야 할까요?"

"그게 무슨 고민이오? 당연히 돌려드려야지요."

"네, 당신이 밖에 나가신 동안 하느님께서 우리 두 아이를 데려가셨습니다."

랍비 메이르는 아내의 말을 알아듣고 더 이상 이야기하지 않았다.

『탈무드』에 나오는 이 이야기는 다소 극단적이긴 하지만 유대인이 자녀를 어떻게 바라보는지 잘 보여준다. 유대인은 자녀가 자기 삶의 이유이자 자신이 이 땅에서 태어난 중요한 임무라고 생각한다. 그러나 부모가 자녀의 주인이라고 생각하지 않는다. 유대인들은 잠시 신을 대신해 자녀를 맡아 기른다고 생각하기 때문이다.

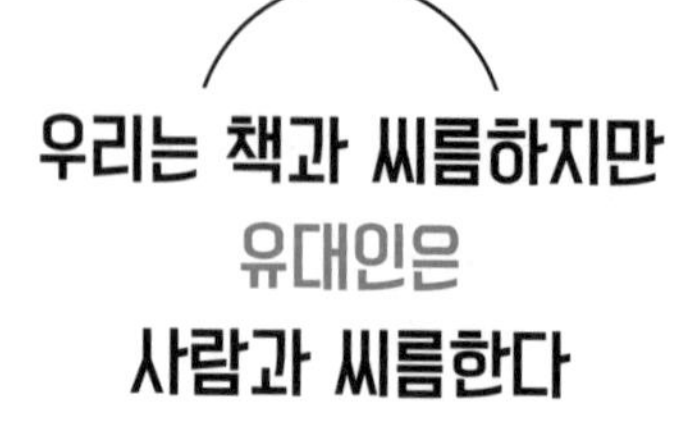

우리는 책과 씨름하지만 유대인은 사람과 씨름한다

한국인과 유대인은 공통점도 많고 차이점도 많다. 우선 공통점은 평균적으로 머리가 좋고 부지런하다. 또 두 민족 모두 교육열이 세계 최고다. 두 나라 모두 전쟁의 아픔을 겪었고 외세의 침략과 핍박을 받았으나 극복하고 일어서서 급격한 경제 성장을 이루었다. 하지만 인접 국가와 언제든 다시 전쟁을 할 수 있는 상황이다. 일정 기간 동안 의무적으로 군 복무를 한다는 점도 같다. 한국은 새마을 운동을 통해 '한강의 기적'을 일궜고, 이스라엘은 키부츠Kibbutz(집단생활 공동체)를 통해 경제성장의 기반을 마련했다.

이와 견주어 다른 점은 한국인은 공간에 집착해서 '토지'와 '집'에 대한 애착이 유달리 강하다. 반면에 유대인은 '시간'과 '기회'에 큰 비중을 두기 때문에 집이나 국적 등 물리적 환경에는 크게 신경 쓰지 않는다. 또 한국인은 '빨리' '빨리' 문화와 같이 경쟁 속에 1등을 추구하는 교육을 하지만 유대인은 아이들 각자의 개성과 독창성을 추구한다.

유대인 공부법은 한마디로 국민 1퍼센트만을 승자로 만드는 레드오션이 아닌 국민 100퍼센트 모두를 인재로 만드는 블루오션 공부법이다. 우리는 지식을 쌓고 기술을 배우고 공부법을 익히지만 유대인은 인간 자체를 연구한다. 무엇을 이루기 위한 공부가 아닌 자신 스스로가 행복한 공부를 하다 보면 나머지는 자연스럽게 따라온다는 것이 유대인들의 생각이다.

만일 눈앞에 천사가 나타나
『토라』의 모든 것을 가르쳐준다 해도 나는 거절할 것이다.
배우는 과정이 배움의 결과보다 훨씬 더 중요하기 때문이다.

● 『탈무드』

이런 의미에서 유대인에게 배움은 신성한 일, 기도하는

일, 신을 섬기는 일이다. 그래서 유대인의 종교에는 언제나 배움이 함께한다. 배우지 않으면 신앙이 아니라고 여긴다. 우리나라 사람들은 보통 내가 성공하기 위해 공부한다. 좋은 학교에 입학해서 좋은 직장에 취직하는 자기만족이 공부의 최종 목적지다.

그러나 유대인은 대통령이 되는 것보다 멘쉬mensch가 되는 것을 목표로 한다. 멘쉬는 우리로 말하면 존경받을 만한 멘토를 의미하지만 사실 멘토보다 한 차원 더 높은 의미를 지닌다. 멘쉬는 신과 이웃을 사랑하고 존경받을 만한 덕과 인격을 갖춘 사람을 지칭한다. 유대인은 주위 사람들에게 멘쉬라는 말을 듣는 것을 가장 존귀하게 여긴다. 유대인에게 성공은 물질의 풍요나 권력이 아닌 인격적인 존경이다. 아무리 지위가 높고 돈을 많이 벌었다고 해도 인격적으로 존경할 수 없다면 성공한 사람으로 간주하지 않는다.

우리들은 왜 공부해야 할까? 이것에 대한 기준이 명확하지 않으면 공부를 계속 이어나가기 힘들 것이다. 『탈무드』에서는 사람은 자기보존은 물론 타인을 돕기 위해 태어났다고 가르친다. 공부가 자신만의 것이 되어서도 안 되고 타인만을 위한 것이 되어서도 안 된다. 공부는 자신과 타인 모두에게 유익해야 한다고 가르친다. 나만을 위해서가 아닌 다른 사람까지 '선한 영향력'을 전파하기 위한 공부는 아무리 해도 지겹지 않다. 오히려 소명의식이 생기고 높은 집중력을 발휘할 수 있다.

배움 자체를 위하여 배우고자 하는 자에게
하느님은 배울 수 있는 기회만을 주신다.

다른 사람에게 가르치기 위하여 배우고자 하는 자에게
하느님은 배우고 가르칠 수 있는 기회를 주신다.

그런데 어떤 교훈이 귀하게 생각되어 자기의 삶에 실천하기를 소원하여 배우고자 하는 자에게
하느님은 그 교훈을 가르치며 또한 배운 대로 실천할 수 있는 기회를 주신다.

이 글을 보면 유대인들에게 배움은 사회적 출세 수단이 아닌 삶의 목적임을 알 수 있다. 유대인들은 이런 평생 배움을 통해 자기가 속한 분야에서 끊임없이 정진한다. 이것이 유대인들이 학문과 배움을 기초로 하는 서비스 산업에서 유독 강한 이유이기도 하다.

우리나라는 학교에서 교사들이 한 시간 적게 자고 공부하면 '나'의 연봉과 배우자, 아파트 평수가 바뀐다고 농담 반 진담 반으로 말한다. 공부의 목적이 '나' 개인의 행복이 되는 순간 나의 실패와 좌절은 곧 삶의 목적이라 믿었던 자신의 행복이 무너지는 일이다. 목적은 쉽게 상실되고 불행하다는 인식으로 말미암아 일탈과 삶의 포기로 이어지기도 한다.

반면 공부의 목적이 '나'의 행복이 아닌 '우리'나 '배움'이라면 내가 실패하거나 좌절해도 여전히 본래의 목적이 살아있게 된다. 그렇다면 우리는 다시 일어서야 할 이유가 있게 되고 그것이 극복의 원동력이 되기도 한다.

물론 과거 산업화 시대에는 지금 같은 주입식 교육이 필요할 때도 있었다. 다수가 선호하는 직업을 얻기 위해 먼저 좋은 대학에 가야 했고, 입시 성적을 높이려면 시와 예술보다 영어와 수학을 더 잘해야 했다. 아이들의 꿈이 뭐든 교사는 그저 "공부만 열심히 하라"고 말하면 됐다. 평생 살면서 한 번 꺼내볼까 말까 한 지식을 십 수년간 달달 외워야 했다.

하지만 문제는 앞으로 이런 교육 방식이 더 이상 통하지 않는다는 점이다. 고인이 된 앨빈 토플러는 2008년 9월 서울에서 열린 아시아태평양 포럼에서 입시 위주의 한국 교육을 강도 높게 비판한 바 있다. "수많은 한국 청소년이 하루 15시간 학교와 학원에서 미래에 필요하지 않을 지식과 존재하지도 않을 직업을 얻기 위해 시간을 낭비하고 있다"는 것이었다. 그로부터 10년 이상 지났지만 안타깝게도 우리나라 교육 현실은 크게 변하지 않았다.

2017년 한국고용정보원의 연구 결과에 따르면 국내 398개 직업이 요구하는 역량 중 84.7퍼센트는 인공지능AI이 인간보다 낫거나 같을 것이라고 발표했다. 지금처럼 암기와 지식습득 위주의 교육으로 양성된 인재는 더는 필요가 없다는 뜻이다. 특히 암기가 필요한 단순 지식은 손에 쥔 스마트폰으로 24시간 검색해서 필요한 정보를 취사선택할 수 있다.

이런 상황에서 제일 먼저 위기를 겪고 있는 곳은 대학이다. 미래학자 토머스 프레이는 "2030년 세계 대학의 절반이 사라진다"고 예측했다. 지식의 '반감기'가 매우 짧아져 대학이 사회에서 필요로 하는 교육의 수요를 따라갈 수 없기 때문이다. 그나마 지금까지는 대학 졸업장이 좋은 일자리를 보장할 거란 믿음 때문에 대학에 진학했지만, 이젠 그 믿음도 깨지고 있다.

명문대를 나와도 이전과 대우가 같지 않고, 학벌보다 실력을 중시하는 문화로 바뀌고 있기 때문이다. 특히 고등학교 졸업자가 대학교 입학자 수보다 많아지는 현상으로 이른바 '벚

꽃 괴담'이 퍼지고 있다. 벚꽃이 피는 지방 순서대로 우리나라 대학이 망해간다는 이야기가 점차 현실화되어가고 있다.

그런 의미에서 '미네르바 스쿨' 같은 새로운 형태의 대학이 급부상하고 있는 점은 주의해볼 필요가 있다. 2014년 개교한 '미네르바 스쿨'은 모든 수업을 온라인으로 진행한다. 신생 학교지만 아이비리그보다 들어가기 어려운 학교로 불리고 있다.

결국 우리가 살아가고 있는 4차 혁명시대에는 지금까지 인간이 해왔던 노동의 상당 부분을 인공지능이 대체할 것이기 때문에 도구적 기술만 가르치는 교육은 필요가 없다. "미래는 노동자가 거의 없는 세계로 향하고 있다. 인간은 기계가 할 수 없는 더욱 창의적인 일에 몰두해야 한다"는 제레미 리프킨의 『노동의 종말』에서 한 지적을 되새겨보아야 할 때이다.

유대인 자녀교육 10계명

1. 배움은 벌꿀처럼 달콤하다는 것을 가르친다.
2. 남보다 뛰어나라가 아니라 남과 다르게 되라고 가르친다.
3. 평생 가르치기 위해서는 어렸을 때 충분히 놀게 한다.
4. 배우기 위해서는 듣기보다는 말을 잘하는 것이 중요하다고 가르친다.
5. 지혜가 부족한 사람은 모든 면이 부족하다고 가르친다.
6. 몸을 움직이기보다는 머리를 써서 일하라고 가르친다.
7. 아이를 심하게 혼냈을지라도 잠잘 때는 정답게 대하라고 가르친다.
8. 자녀교육에 무관심한 부모는 하느님께 죄를 짓는 것이라 생각한다.
9. 아버지는 자녀의 정신적 기둥으로 아버지의 휴일은 없어서는 안 된다.
10. 남한테 받은 피해는 잊지 말되 용서하라고 가르친다.

출처: 장화용, 『들여주고, 인내하고, 기다리는 유대인 부모처럼』

2부

생각그릇이 커지는 『탈무드』 교육법

1
장

가정철학

'우리 아이의 첫 학교 가정',
'가족'이라고 쓰고
'사랑'이라고 읽는다

권위는 지키되 권위주의는 버린다

이스라엘에서는 온 가족이 모두 모여 함께 식사를 한다. 혹시 식사시간에 아이가 장난을 치면서 돌아다니다가 나중에 밥을 먹으려고 하면 이미 식탁을 치운 후라 먹고 싶어도 먹을 수 없다. 이는 가정의 규범과 규칙을 매우 중시하는 유대인의 특성 때문이다. 유대인 부모들은 보통 세 살부터 자녀에게 규칙을 가르친다. 가정 규칙은 조금이라도 일찍 배울수록 그 효과가 크기 때문이다.

그렇다면 유대인의 가정 규범은 무엇일까? 사실 우리도 다 아는 아주 기본적인 것들이다. 예를 들어 외출할 때 가족들에게 인사하고 나가기, 약속 시간 전에 귀가하기, 이웃을 보면 먼저 인사하기, 자기 방은 스스로 청소하기, 밥을 먹고 난 후 자신의 그릇을 설거지통에 갖다놓기, 함께 쓰는 물건은 반드시 제자리에 놓기 등이다. 어떤 유대인 엄마는 자녀교육의 비결에 대해 이렇게 대답했다. "저는 아이를 대할 때 두 가지 원칙을 반드시 지켜요."

> 첫째는 아이와 함께 규칙을 정하는 것이고,
>
> 둘째는 규칙을 어겼을 때 절대로 타협하지 않는 거예요.

하지만 유대인 부모는 일방적으로 규칙을 정하지 않는다. 어떤 내용이든 아이와 충분히 상의한 후에 정한다. 맹목적으로 복종을 강요하지 않고 토론을 거쳐 규칙의 정당성을 이해시키는 것이다. 이는 부모가 아이를 가르쳐야 할 대상이 아니라 '동등한 인격체'로 바라보기 때문에 가능하다.

그리고 규칙을 정할 때는 그것을 어기면 일어날 결과에 대해서도 아이에게 명확히 알려준다. 이때 결과는 아이의 이익과 직접적으로 관련된 것일수록 좋다. 그러면 아이들은 자신에게 돌아올 불이익을 알기에 더욱 책임감을 갖고 규칙을 잘 지키기 위해 노력하게 된다. 유대인의 어린 자녀가 과일들을 한두 입만 베어 물고 다시 내려놓은 경우가 있었다. 이때 한 유대인 부모는 다음과 같이 이야기했다.

> 우리 집이 어느 날 아주 가난해져서 먹을 것이 없다면 어떨 것 같니? 그러니 지금부터 아껴 쓰는 습관을 길러야 하는 거야. 네 앞에 음식이 아주 많이 있어도 항상 네가 먹을 수 있는 만큼만 가져오고 일단 가져온 음식은 다 먹어야 한단다.

유대인 부모는 이처럼 차근차근 아이를 설득한다. 그리고 상황과 밀접하게 연관된 이야기를 쉽게 풀어서 들려준다. 잘못을 저질렀을 때 체벌하는 대신 이야기를 통해 지혜를 전하고 스스로 반성할 기회를 주는 것이다. 이렇게 하면 아이의 자존심을 지켜줄 수 있는 것은 물론 부모와 자식 간의 관계에도 악영향을 미지치 않게 된다.

권위적 부모의 힘

자녀교육법의 대가 미국 노스웨스턴대학교 마시어스 되프케 교수와 예일대학교 파브리지오 지리보티 교수의 『사랑, 돈,

자녀교육Love, Money and Parenting』에 부모의 교육법에 대한 연구결과가 나온다.

두 사람은 부모의 자녀교육 방식을 3가지, 즉 '강압적Authoritarian'·'권위적Authoritative'·'방임적Permissive'으로 나누었다. 그리고 어떤 방식이 효과적인지 연구했다. 결론적으로 권위적 부모가 가장 좋은 형태라는 결론에 도달하게 되었다. 권위적 부모는 강압적 부모와 달리 자녀에게 복종을 강요하지 않으면서 방임적 부모와 달리 자녀가 원하는 대로 하게 내버려두지도 않았다. 그들은 설득을 통해 자녀가 바람직한 길을 가도록 했다. 아이들도 부모의 가르침이 자신의 미래를 위한 최선의 방법이라는 걸 수용하고 자발적으로 실천했다.

저자들이 만 15세 학생의 읽기·수학·과학 능력을 국제적으로 평가하는 국제 학업 성취도 평가PISA를 분석한 결과에도 권위적 방식으로 교육받은 자녀의 성적이 가장 높은 것으로 나타났다. 특히 권위적 방식의 자녀는 대학 졸업 비율이 더 높았고, 연봉도 상대적으로 많이 받았다. 권위적 방식의 효과는 교육에서만 나타나는 게 아니었다. 권위적 부모가 키운 자녀는 더 건강하고 자존감이 높았다. 또 마약이나 술·담배에 덜 빠졌고 상대적으로 더 늦은 나이에 성관계를 가졌으며 콘돔을 사용하려는 경향이 있었다.

자유와 방종을 구분한다

요즘 부모들은 자녀의 자유로운 성장을 보장해주려고 한다. 그러나 자유를 잘못 허용하면 종종 방종으로 흐르기 쉽다. 오늘날 부모가 아이와 생기는 갈등의 대부분은 제대로 된 규범을 세우지 않은 탓에 발생한다. 사실 자녀가 규범을 따르도록 가르치는 것은 단순하다. 활발한 것과 제멋대로 구는 것만 확실히 구분하면 된다. 하지만 많은 부모들이 이런 차이를 제대로 구분하지 못한 채 헷갈려 한다. 한 유대인 교육가는 이와 관련해 다음과 같은 비유를 했다.

> 드넓은 초원에서 양들이 울타리를 벗어나지 않은 채 이리저리 뛰어다니며 풀을 뜯는 일은 활발한 것으로 양치기가 양들의 행동에 간섭할 필요가 없다. 하지만 양들이 울타리를 뛰어넘으면 제 멋대로 구는 것이므로 반드시 제재해야 한다.

아이에게 규범을 가르칠 때 부모가 분명히 해야 할 일은 바로 원칙을 세우고 그 원칙을 지키는 일이다. 한번 정한 규칙은 시간과 장소, 상황을 불문하고 지켜야 한다. 어제와 오늘의 규칙이 다르고 집 안에서와 집 밖에서의 규칙이 다르다면 아이는 어떤 규칙을 따라야 할지 몰라 당황할 수밖에 없다. 그리고 규칙을 지키면 아이에게 자유를 준다. 규칙을 잘 지키는 아이는 더 많은 자유를 허락해도 자발적으로 규칙을 잘 지키게 된다.

여기서 중요한 점은 모든 규칙은 아이뿐만 아니라 부모도 지켜야 한다는 점이다. 예를 들어 아이에게 편식하지 말고 음식을 남기지 말라고 했다면 부모가 먼저 그렇게 해야 한다. 아이에게 예의범절을 지키라고 했다면 부모부터 웃어른들을 공손히 모셔야 한다.

부모가 먼저 규칙을 어긴다면 부모의 권위가 바닥에 떨어지는 것은 물론 규칙에 대한 영이 서지 않을 것이다. 많은 부모들이 아이가 어려서 철이 없을 뿐 시간이 좀 지나서 가르쳐도 늦지 않다고 생각한다. 하지만 이는 굉장히 잘못된 생각이다.

사마광司馬光은 이런 경우 나무를 키우는 일에 비유했다. "작은 묘목이었을 때 가지를 쳐주지 않고 마음대로 자라게 내버려두었다가 아름드리나무가 되었을 때 가지를 치려고 하면 훨씬 더 큰 힘이 든다"고 말했다.

아이가 3세를 지나 만 4세가 되면 옳고 그름을 판단하게 된다. 이때부터 부모가 따뜻함과 엄격함을 병행해서 양육의 원칙을 세워야 한다. 아이가 잘못하면 대화로 설득하고 그 순간 바로 잡아야 한다. 아이가 크면서 비뚤어지는 가장 큰 문제는 '따뜻함'과 '엄격함'이라는 두 축의 불균형에서부터 시작된다. 부모라면 누구나 자기 자식을 사랑하고 귀하게 여긴다. 문제는 그 사랑을 표현하는 방식이다. 어떤 부모는 지나치게 사랑을 표현하느라 아이의 단점을 제때 고쳐주지 못하고 때를 놓치는 우를 범한다.

'어버이는 첫 스승이자 마지막 스승'이다. '아버지는 살아 있는 역사요, 평생의 멘토mentor이며, 어머니는 정신의 고향이자 태아 시절부터의 담임 선생님'이다. 아버지는 집을 짓고, 어머니는 가정을 만든다. 아버지가 가장家長이라면, 어머니는 가정의 중심 곧 가심家心이 라는 사실을 우리 부모들은 잊지 말아야 할 것이다.

세상에서 가장 낮은 이혼율

당신의 아내를 당신 자신을 사랑하듯이 사랑하고, 소중히 지키시오. 여자를 울려서는 안 됩니다. 하느님은 그녀의 눈물을 한 방울씩 세고 있을 것이오.
부부가 진심으로 서로 사랑한다면 칼날같이 좁은 침대에 누워도 함께 잘 수 있다. 그러나 서로 사이가 좋지 않으면 폭이 16미터나 되는 넓은 침대라도 비좁기만 하다.

유대인은 결혼할 때 신랑이 케투바ketubah를 작성하고 낭독한 후 아내에게 건넨다. 남편으로서 아내를 충실하게 아끼고 높이며 섬기는 것을 약속하는 일종의 혼인서약서다.

특이한 것은 혼인서약서에는 결혼에 따른 남편의 의무(동거와 부양의 의무)뿐만 아니라 혼수를 포함해 아내가 결혼 전에 가져온 재산총액, 훗날 이혼하게 되면 아내에게 배상 위자료까지 명시한다. 유대인 사회에서 법적, 종교적 효력을 가지는 이 혼인서약서는 유가증권처럼 돈을 빌릴 때 담보로도 활용 가능하다.

어떻게 보면 축복해야 할 결혼식에 이혼이라는 끝을 염두에 두고 사랑마저 돈으로 계산하는 부정적 이미지를 받을지 모른다. 하지만 수천 년 유대역사에서 혼인서약서는 부부의 충동적인 이혼을 막고 배우자로서 가정에 성실할 것을 주문하는 것은 물론 여성의 재산권과 경제권을 보장함으로서 좀 더 현실적으로 가정을 지켜주는 역할을 해왔다.

또 남편은 아내를 일주일에 세 번 이상 포옹해줘야 한다. 아내가 원하지 않을 때 남편이 일방적으로 성적 욕구를 채우면 강간죄로 간주하며 아내를 때리는 자는 엄벌에 처한다. 아내는 잘못을 저지른 남편에게 이혼은 물론, 위자료를 요구할 권리가 있다.

● 『탈무드』 격언

유대인의 율법에는 남편이 아내를 얼마나 소중히 여기고 사랑해야 하는지를 구체적으로 담고 있다. 내용만 보면 여권이 신장된 최근의 율법이겠지라고 예상하겠지만 이는 놀랍게도 수천 년 전 이미 만들어진 고대의 율법이다.

이처럼 아내와 여성을 소중히 여기는 전통 때문에 유대인의 이혼율은 세계에서 가장 낮다. 자녀에 대한 사랑도 마찬가지다. 유대인 부모는 자녀를 사랑으로 대하며 훌륭하게 키우는 것을 하느님에 대한 의무로 여긴다. 평화로운 가정이 유대인 경쟁력의 으뜸 조건이다.

『탈무드』에는 '결혼식에서 연주되는 음악은 그 기세가 군악대의 음악과 비슷하다'라는 말이 있다.

> 결혼식은 두 사람의 전사戰士가 전쟁터로 나아가는 것과 같다.
>
> 이제부터 두 사람은 싸우고 상처 입을 것이다.
>
> 그리고 나이가 들면 부상병처럼 서로 위로할 것이다.
>
> 결혼식 음악이 화려하고 웅장하며 군악대의 음악과 비슷한 것은 결혼한 두 사람이 전쟁터로 나아가는 것과 같기 때문이다.
>
> ● 마빈 토케이어

유대인은 남자에게 아내가 없으면 행복해지지 않고 하느님의 축복도 없고 선행도 쌓이지 않는다고 믿는다. 당연히 결혼을 하지 않으면 인간으로 의무를 다하지 않는 것이라 생각한다. 어느 나라든지 결혼할 때 고유한 풍습이 있기 마련이다. 유대인들은 결혼할 때 신랑이 케투바라는 혼인 서약서를 큰 소리로 낭독한다. 유대 율법에 따라 남편으로서 아내를 지키고 사랑하겠으며 재산의 대부분은 아내의 것이라는 결혼서약서이다.

케투바의 내용 중 특이한 것은 이혼할 경우 아내에게 줄 위자료까지 명시한다는 점이다. 혼수를 포함하여 아내가 가져온 재산 및 아내에게 줄 위자료가 자세히 기록되어 있다. 혼인 서약서는 법적 효력을 가질 뿐만 아니라 장차 돈을 빌릴 때 담보로 제공할 수 있는 효력을 가지고 있다. 수천 년을 내려오는 동안 케투바는 결혼한 여자의 권리를 보호하고 결혼의 권위를 수호할 목적으로 만들어졌으며 여성의 재산권과 경제권을 지켜주는 증표가 되었다.

세계에서 가장 이혼율이 낮은 민족

『탈무드』는 이상적인 남녀의 결합은 모세의 기적보다 더 큰 기적이라고 말한다. 곧 인간이 꿈꾸는 행복한 결혼이란 바닷물이 갈라지는 기적보다 더 힘들다는 뜻이다. 유대인 속담에

"기적을 이기는 것은 노력이다"라는 말이 있다. 이는 바로 이상형을 만나 결혼하는 게 기적이라면 부부가 함께 노력하여 서로의 이상형으로 발전해 나가는 것은 위대한 일이다. "이것이 곧 사랑이다"라는 뜻이다.

이렇듯 유대인들은 남녀가 연애감정으로 만나 결혼하는 것보다 인격적 결합을 통해 노력과 의지로 사랑을 완성시키는 것을 더 높게 평가한다. 유대인 사회 심리학자 에리히 프롬은 『사랑의 기술』에서 "사랑할 만한 사람을 만나 결혼하는 것은 큰 행운이다. 그러나 사랑해야만 하는 사람을 사랑하는 것은 위대한 일이다"라고 했다. 유대인들이 세계에서 가장 낮은 이혼율을 보이는 이유이다. 그들은 이 세상 무엇보다 귀중한 가치를 가정에 부여하고 있다.

중매로 만나 결혼식은 화요일 저녁에

유대인들은 위대한 랍비가 서로 잘 맞을 것 같은 남녀를 연결시켜 맺어주는 중매결혼이 보편적이다. 중매자들은 하느님의 일을 하는 위대한 인물로 존경받는다. 우리는 주로 주말에 결혼을 하지만 유대인들은 화요일을 결혼하기 좋은 날로 꼽는다. 그 이유는 『성경』 말씀에 "하느님이 세상을 창조하시고 특별히 셋째 날이 보시기에 좋았더라"라는 구절이 두 번이나 나오기 때문이다. 유대인들은 한 주의 시작이 일요일이기 때문에 셋째 날은 화요일이다. 또 유대인들은 하루의 시작은 저녁 때이므로 결혼식도 대부분 저녁에 거행한다.

결혼을 앞둔 신랑은 결혼식 직전 안식일에 『토라』를 낭독한다. 행사 당일 하객들은 신랑에게 견과류를 던지거나 사탕 또는 건포도 등을 던진다. 견과류를 던지는 것은 좋은 일이 넘치기를 바라는 것이고 사탕이나 건포도를 던지는 것은 달콤한 결혼생활이 되어 열매를 많이 맺기를 기원하는 것이다.

후파 아래에서 거행되는 결혼식 그리고 유리잔을 깨는 의미

유대인들은 결혼식을 후파Chupa라는 천막 아래서 거행한다. 결혼을 마친 후 남편은 예시바(유대인의 전통적인 학습기관)에 들어가 1년 동안 공부를 한다. 이 기간 동안 들어가는 생활비와 교육비 등은 공동체에서 부담하기 때문에 공부에 전념할 수 있다. 이렇게 하는 이유는 가장으로서의 자질과 교양, 신앙심, 성품 등을 갖추어 유대가정의 중심이자 가정의 제사장이 되도록 돕는 것이다.

"결혼생활은 아무리 애를 써도
네 귀퉁이가 반듯하게 펴지지 않는 침대 시트와 같다.
한쪽을 펴면 반대쪽이 흐트러진다."

프랑스 작가 알랭 드보통을 인터뷰한 기사에서 나온 말이다. 그러니 결혼생활에서 완벽을 추구하지 말라는 것이다. 독신주의자가 아닌 한 누구나 완벽한 결혼을 꿈꾼다. 죽음이 우리를 갈라놓을 때까지 서로 아끼고 사랑하겠다는 열렬한 다짐으로 시작한다.

하지만 안타깝게도 과학적으로 정열의 유통기한은 2년이다. 인간의 뇌 구조가 그렇게 생겼다. 미국의 리처드 루커스 교수팀(미시간 주립대학교)이 15년에 걸쳐 2만 4,000명의 독일인을 조사한 연구에서도 그런 걸로 나타났다. 결혼으로 고양된 행복감은 시간과 함께 풍선에서 바람 빠지듯 줄어들어 2년이 지나면 원점으로 돌아간다. 그렇기 때문에 초기의 정열을 애정, 돌봄, 온정, 동반자 의식으로 승화시켜야 사랑은 지속성을 가질 수 있다고 루커스 교수는 말한다.

서로에게 상처를 주는 말을 툭툭 내뱉는 것이 보통 부부다. 아무리 화가 나도 절대 해서는 안 될 말까지 하기도 한다. 칭찬하고 격려하기보다는 무시하고 험담을 한다. 잔소리는 지겹고, 불만은 쌓인다. 무관심이 대화의 단절로 이어지기도 한다. 가장 가까워야 할 부부가 '웬수'가 될 때 사람들은 이혼을 생각한다.

그렇다고 침대나 소파 바꾸듯이 이혼을 할 순 없는 노릇이다. 그런데도 이혼을 감행하는 용감한 커플들이 갈수록 늘고 있다. 세 쌍이 결혼을 하면 다른 쪽에선 한 쌍이 이혼하는 셈이다. 세계 최고 수준이다. 특히 55세(남성 기준) 이상의 황혼 이혼은 매년 가파른 증가세를 보이고 있다.

소니야 류보머스키 교수(미 캘리포니아대학교·심리학)는 최근 출간한 『행복의 신화』란 책에서 '5분의 기적'을 강조한다. 아침에 일어나 '오늘은 어떤 말과 행동으로 배우자나 파트너를 5분 동안 기분 좋게 해줄 수 있을까?'를 생각하고, 그걸 실천에 옮긴다면 결혼으로 고조된 행복을 계속 유지할 수 있다는 것이다. 그 비결은 거창한 데 있는 게 아니라 따뜻한 말 한마디, 그윽한 미소, 부드러운 눈길, 귀 기울여 경청하기, 등 두드려주기, 어깨 감싸주기, 손잡기 등 사소한 말과 행동에 있다는 것이다.

사람이 온다는 건

사실은 어마어마한 일이다.

그의 과거와 현재와

그리고 미래와 함께 오기 때문이다.

한 사람의 일생이 오기 때문이다.

●「방문객」 정현종

한 사람이 다른 누군가를 만난다는 건 그 사람의 귀한 경험과 현재 그리고 알 수 없는 미래, 그 한 사람의 일생을 만나는 일이다. 이 세상에 귀하지 않은 인생은 어디에도 없을 것이다.

"모든 일이 다 잘될 거야~"

『탈무드』에 따르면 "하느님은 명랑한 사람에게 축복을 내린다. 낙관은 자기뿐 아니라 다른 사람도 밝게 만든다"고 했다.

이런 말도 있다. "비관은 좁은 길이지만 낙관은 넓은 길이다."

낙관은 많은 것을 맞아들이지만 비관은 많은 것을 물리쳐 버린다. 낙관은 의지의 문제이고 비관은 감정의 문제다. 사람은 행복한 생각을 하면 행복해지고, 슬픈 생각을 하면 슬퍼진다.

유대인들은 아침에 눈을 뜨면 몸을 일으켜 '모데 아니'라는 아주 짧은 감사기도를 올린다. "감사드립니다, 하느님, 크신 자비와 성실하심으로 당신은 내 영혼을 내게 허락하셨나이다." 또 다른 새 날을 주신 하느님께 감사의 기도를 올리는 것으로 그들은 하루를 연다. 이 기도는 또한 아이들이 부모에게서 제일 먼저 배우는 기도문이기도 하다.

가정에서 아이에게 정말 필요한 건 낙관적인 집안 분위기다. 그래서 유대인 엄마들은 아침마다 자녀가 학교 갈 때 "모든 일이 다 잘될 거야!"라고 말한다. 이렇게 하루를 시작하는 아이들에게 낙관적 기운을 불어넣는다.

'삶의 목표란 거창한 게 아니라 하루하루를 즐겁고 행복하게 보내는 것'이 유대인의 오랜 지혜이자 가르침이다. 이러한 긍정의 암시는 아이들에게 밝은 생각을 하게 만든다. 부모가 삶을 사랑하고 낙천적이며 강인한 의지를 지니고 있다면 아이는 정서적으로 안정되면서 부모의 본을 보고 닮아가게 된다.

유대인들은 오랜 고난의 역사와 형극의 가시밭길을 헤쳐 온 민족이다. 삶의 굽이굽이마다 죽음과 직면하거나 이를 피해 도망 다녀야 했다. 그들의 삶은 박해받고 소외되고 경멸당하는 삶이었다. 생활이 아닌 생존이었고, 그것도 생존을 위한 처절한 몸부림의 연속이었다.

이러한 고난과 고통이 그들을 강하게 단련시켰다. 그들은 절망 속에서 살아야 했기에 희망이 얼마나 소중한 것인지를 알고 있다. 또 슬픔을 알기에 기쁨의 가치를, 밤을 알기에 태양의 고마움을 느낄 수 있는 것이다. 이러한 유대인의 사고방식은 그들 자녀에게도 영향을 미쳐 시련을 이겨내겠다는 강인한 의지를 품게 해준다.

부모의 마음가짐, 긍정적 마인드와 사랑

『탈무드』에는 이런 말이 있다.

> "신은 명랑한 사람에게 복을 내린다. 낙관은 자식뿐 아니라 다른 사람도 밝게 만든다."

유대인은 2,000년이 넘는 오랜 기간을 고난과 핍박 속에서 살아왔기 때문에 걱정 없이 행복하게 하루를 보낸다는 것의 의미와 그 고마움을 누구보다 잘 알고 있다. 부모 자신이 삶을 사랑하고 낙관적이며 남들을 배려할 때 아이 또한 정서적으로 안정되며 부모의 기질을 따라 배우게 된다. 가족을 하나로 묶는 힘은 경제적 능력이 아니라 부모의 낙관주의와 사랑이다.

"모든 일이 다 잘될 거야~"

좋은 부모란 아이를 정신적으로 밝고 건강하며 사회적으로는 능력이 있으면서도 다른 사람의 입장을 배려하고 남의 아픔에 공감할 수 있는 건전한 인격체로 키워내는 사람이다. 그러기 위해서는 우선 부모가 아이를 긍정적 마인드와 사랑으로 키워야 한다. 그리고 자녀에게 그 사랑을 말로 표현해주어야 한다. 사랑의 또 다른 표현은 '따뜻한 헤아림'이다. 아이의 생각을 파악하고 이해하고 기다려주고 배려하고 격려해주는 것이다.

또 자녀교육에 일관성이 있어야 한다. 따뜻함과 엄격함을 공존시키고 사랑과 교육을 동전의 양면처럼 같이 붙어다니게 해야 한다. 사랑 속에서 교육이 이루어질 때 아이가 이를 스펀지처럼 빨아들이기 때문이다. 아무리 훌륭한 교육원리가 있다 해도 사랑으로 가르치지 못하면 결과도 효과적이지 않다. 아이의 마음이 부모의 사랑으로 가득할 때 아이 역시 자기 자신을 긍정적이고 좋아하는 마음, 곧 '자아 존중감'이 현저히 높아진다. '자아 존중감'이 확립된 아이는 정신적으로 건강하고 사회적으로 유능한 사람이 되어 자신의 몫을 다하게 된다.

부정적인 감정을 다스려라

유대 격언에 이런 말이 있다.

> "친구에게 이를 드러내고 웃는 사람이 친구에게 우유를 건네는 사람보다 낫다."

부정적인 감정은 그 사람을 고통스럽게 할 뿐 긍정적인 변화를 거의 일으키지 못한다. 유대인은 결코 부정적인 감정에 휘둘리지 않는다. 부정적인 감정 때문에 일을 그르치거나 쓸데없이 힘을 낭비하지도 않는다. 대신 자신을 믿으며, '마지막에 웃는 사람이 승자'라는 마인드로 자신과 상대방을 격려한다. '세상은 주로 낙관주의자들이 승리한다'고 한다. 이는 그들이 항상 옳기 때문이 아니라 긍정적이기 때문이다.

미국인이 가장 존경하는 여성 중 한 명인 토크쇼의 여왕 '오프라 윈프리'는 사생아로 태어나 미혼모가 됐고, 마약과 알코올에 찌든 불우한 청소년기를 보냈다. 그런 윈프리가 성공할 수 있었던 비결은 뭘까? 최인철 서울대학교 심리학과 교수는 '긍정의 마인드'라고 했다. 윈프리가 "오늘도 파란 하늘을 보게 해주셔서 감사합니다"와 같은 사소한 일까지 '감사

일기'에 적으며 어려움을 견뎌냈다는 것이다.

최 교수의 행복론은 긍정에서 출발한다. 학생들의 성적은 숫자에 불과할 뿐 행복·불행의 잣대가 아니라고 강조한다. 행복은 단순한 감정이나 기분이 아니라 일상에 긍정적인 의미와 목표를 부여하고 관계를 형성해가는 과정에서 생긴다는 설명이다. 그런데 우리 청소년들은 입시 경쟁과 사교육에 내몰려 그런 생각조차 할 기회가 없어 스스로를 불행하다고 여기는 게 현실이다. 최 교수는 "정작 필요한 것은 선행학습이 아니라 삶과 행복에 대한 선행학습인데 우리 아이들은 그런 교육을 받지 못해 행복도가 세계 최하위로 떨어지고 있다"며 "윈프리처럼 긍정적 사고를 갖게 하는 교육이 절실히 느껴졌다"고 말했다.

'행복교육 전도사'로 유명한 소냐 류보머스키 미국 리버사이드 캘리포니아대학교 심리학과 교수는 "청소년들은 긍정, 용서, 선행의 세 가지 힘으로 행복을 얻을 수 있다"라고 했다. 또 "행복은 주어지는 게 아니라 노력이라는 습관을 통해 스스로 얻는 것"이라고 강조했다. 20여 년째 '행복'이란 주제에 대해 연구해온 심리학 전문가답게 그는 각종 연구를 통해 행복한 사람들의 특성을 분석했다.

그는 캐나다 밴쿠버에 사는 초등학교 4~6학년 19개 학급

(학생 415명)을 대상으로 4주간 실험을 진행했다. 10개 학급 학생들에게 매주 착한 일을 세 가지씩 하고 이를 노트에 적게 했다. 나머지 9개 학급 학생들은 매주 자신이 다녀온 장소 세 군데만 쓰도록 했다. 앞선 A그룹은 '친절한 행동 집단'이었으며 나머지 B그룹은 자신의 위치 정도만 파악하는 '통제 집단'이었던 셈이다.

4주 후 모든 학생들에게 '함께 활동하고 싶은 친구를 한 명씩 선택하라'는 질문을 던진 결과 A그룹 중 이 선택을 받은 학생 수는 B그룹보다 2배나 많았다. 착한 일을 많이 할수록 친구들도 더 많이 따라붙는 '또래 수용도 상승효과'가 발생한 것이다. 그녀는 "다른 사람을 돕고자 하는 마음이 강하고 리더십이 높을수록 정서적 행복도가 올라간다"며 "특히 이들의 업무수행능력(학업성취도) 역시 행복할수록 더욱 올라가게 된다"고 말했다.

류보머스키 교수는 중요한 것은 행복을 연습으로 유지하는 일이라고 강조했다. "한 학생의 행복을 결정짓는 건 유전적 요인이 50퍼센트로 가장 강하고 의도적인 노력이 40퍼센트, 주어진 외부환경이 10퍼센트 정도로 작용한다"고 했다. 특히 "타고난 기질이나 성향이 행복에 미치는 영향이 가장 크지만 후천적 노력도 이에 버금가는 영향을 끼친다"고 설명했다.

그는 학생들의 행복도를 높이려면 친절·감사 행동을 실천하게 하고, 낙관적 사고방식과 용서하는 습관을 길러주며, 정기적 명상이나 운동을 장려하는 게 좋다고 설명했다. 류보머스키 교수는 특히 "행복은 앉아서 즐기는 게 아니라 교육과 학생 자신의 노력을 통해 얻는 습관"이라는 점을 강조했다.

안식일과 유대인의 정체성

어느 안식일 오후에 로마 황제가 가까이 지내고 있던 랍비의 집을 방문했다. 황제는 아무런 예고도 없이 갑자기 방문을 했지만 그 집에서 매우 즐거운 시간을 보냈다. 음식은 매우 맛있었고 식탁에 둘러앉은 사람들은 즐거운 노래를 부르면서 『탈무드』의 이야기를 주고받았다. 황제는 너무 즐거워서 다음 주 수요일에 다시 오겠다고 자청했다. 수요일이 되어 황제가 오자 사람들은 미리 준비하고 기다리고 있었기 때문에 가장 좋은 그릇에 음식을 내놓았다. 지난번에는 안식일이라 쉬었던 하인들도 줄지어 음식을 날랐다. 요리사가 없어서 차가운 음식만 내놓았던 지난번

과는 달리 이번에는 따뜻한 요리가 많이 나왔다. 그런데도 황제는 이렇게 말했다.

"음식은 역시 지난번 것이 더 맛있었소. 지난 안식일에 먹은 요리에는 어떤 조미료를 넣었소?"

랍비는 말했다.

"로마 황제 같은 분은 그런 조미료를 구하실 수 없습니다."

황제가 뽐내며 말했다.

"아니오. 로마 황제가 구할 수 없는 것은 없소."

랍비가 말했다.

"폐하께서는 아무리 애쓰셔도 구하실 수 없습니다. 그것은 유대인의 안식일이라는 조미료니까요."

유대인 자녀교육 원리나 우리의 전통적인 교육원리가 아무리 효과적이고 훌륭하다 해도 쉽게 실천하기 어려운 것이 현실이다. 첨단 문명의 이기와 극단적인 소비문화가 지배하는 오늘날, 제사를 비롯한 전통적 가치들을 생활 속에서 실천하기란 결코 만만치 않다. 이는 세계 최강의 두뇌집단이라고 불리는 유대인 사회에서도 마찬가지다.

유대인들 가운데에서도 그들의 전통과 율법을 지키는 정통파 유대인의 삶을 사는 비율은 20퍼센트 미만에 불과하다.

현대 자본주의의 발전으로 삶이 편해지면서 많은 유대인들이 자신들의 전통을 버리고 세속화되기도 한다. 하지만 바닷물이 썩지 않는 것은 3퍼센트의 소금물 때문이듯이 소수의 정통파 유대인이 조상들의 전통을 철저히 지키고 그 바탕 위에서 자녀들을 가르치고 있기에 전체 유대사회가 건강하게 움직일 수 있는 것이다.

특히 유대인 삶의 가장 기본 바탕에 코셔Kosher, 안식일Shabbat, 자선Charity, 이 세 가지 원리가 유대인을 진짜 유대인으로 규정한다고 볼 수 있다. 다시 말해 무엇을 먹고, 어떻게 쉬고, 얼마나 자신이 가진 것을 나누며 사는가? 바로 이것이 유대인적인 삶을 결정하는 셈이다.

그리고 이 원리를 실천하는 중심에는 바로 유대인의 안식일 식탁이 있다. 한 주의 시간 가운데 온전히 가족을 중심으로 이루어지는 안식일 식탁이 있었기에 그들은 2,000년 동안 나라가 없었어도 가족과 민족을 지킬 수 있었다. 식탁에 온 가족이 모여 같이 예배를 보고 식사를 하고 아이들에게 질문을 하며 자신들의 전통과 가치를 다음 세대에 전달할 수 있었다.

유대인만의 특별한 시간인 안식일은 매주 금요일 해가 지는 순간부터 시작된다. 금요일에 유대인 아빠들은 대부분 퇴근을 서둘러서 집으로 돌아온다. 집으로 돌아오는 길에 안식일 식탁을 장식할 꽃을 사들고 오기도 한다.

유대인의 안식일에는 하지 말아야 할 일이 아주 많다. 부모의 생업을 포함해 아이들의 숙제와 공부, 혹은 학습계획을 세우는 일, 친구와의 약속, 자동차를 타고 이동하는 것도 금한다. 텔레비전과 전화기는 물론 집 안에 있는 거의 모든 전자기기를 끈다. 시계까지 풀어놓은 가정도 많은데 안식일에는 해가 뜨고 지는 자연의 시간 흐름에만 의존하는 것이다. 무엇을 쓰거나 찢는 행위도 금지한다. 심지어 화장실 두루마리 휴지도 찢으면 안 되기 때문에 안식일 전에 미리 뜯어서 준비해 놓는다.

불을 껐다가 다시 켜는 일도 안 되므로 안식일 저녁에는 집 안에 있는 대부분의 불을 켜놓고 아이들이 실수로 끄지 않도록 전원 스위치를 덮개로 덮어둔다. 『토라』와 『탈무드』 그리고 영적인 신앙 서적 외에 세속적인 읽을거리를 읽는 일도 허용하지 않는다. 『탈무드』는 안식일에 해서는 안 되는 일로

39가지나 열거하고 있다. 물론 안식일의 여러 가지 금지를 실천하지 않아도 되는 경우도 있다. 전쟁같이 생명을 다투는 일이 생겼을 때다.

가족을 위해 시간의 적금을 들어라

아이와 함께할 수 있는 절대 시간을 확보하는 것, 이것이 유대인 자녀교육의 핵심이며 모든 교육은 바로 여기에서부터 출발한다. 유대인 부모는 이 절대 시간을 확보하기 위해 안식일이라는 시간의 적금을 들어두는 것이다. 유대인 부모는 다른 모든 일에 앞서 자신과 가족을 위해 일주일 중 하루를 무조건 떼어놓는 셈이다.

유대인들의 안식일 식탁은 가족들이 모여 서로 칭찬하고 지지하고 격려한다. 그들은 자녀에게 야단치거나 하고 싶은 말이 있으면 따로 시간을 내어 조용히 타이른다. 식사는 항상 감사기도로 시작한다. 가족이 함께 모인 것을 고마워하고 그 자리에 하느님이 함께하셔서 감사하다는 뜻이다. 그리고 아버지는 아내가 한 일에 감사하며 아이들을 축복한다. 그래서 아버지가 앉는 자리를 축복의 자리라 부른다. 어머니는 자녀가 잘한 일을 구체적으로 열거하며 격려한다.

이렇게 축복과 칭찬과 격려로 시작한 식사 자리가 유쾌하지 않을 수 없다. 유대인에게 밥상머리는 가족이 함께 모여 식사하면서 대화를 통해 가족 간의 공감대를 넓히고 가족 사랑을 확인하는 소중한 시간이다. 그들은 식사 중에 절대 민감한 이야기나 훈육조의 가르침을 늘어놓지 않는다. 부담을 주지 않는 게 원칙이다.

그들은 아이들에게 부정적인 말은 피하고 긍정적인 말을 많이 한다. 그리고 아이들의 이야기를 중간에 끊지 않고 끝까지 경청한다. 유대인의 밥상머리는 아이들이 자기도 모르는 사이에 부모에게서 자연스레 인내심, 예절, 공손, 나눔, 절제, 배려를 배우는 곳이다. 식사와 가정교육과 예배가 따로 분리되지 않고 한자리에서 모두 이루어진다.

유명한 영화감독이자 제작자인 스티븐 스필버그는 중요한 사업상의 이야기가 남아 있으면 차라리 그 손님을 자기 집 저녁식사에 초대했다고 한다. 그렇게 해서라도 가족과의 저녁 식사습관을 지키려 노력한 것이다. 이렇듯 유대인들은 가치 기준 1순위가 가족이다. 구글의 창업자 래리 페이지는 식사시간마다 벌어지는 격렬한 토론 때문에 끊임없이 읽고 생각하고 상상해야 했다고 말했다.

하버드대학교 캐서린 스노 박사팀 연구에 따르면 만 3세 어린이가 책 읽기를 통해 배우는 언어는 보통 140개 정도라고 한다. 그런데 가족식사 대화에서 아이가 1,000여 개의 단어를 배우는 것으로 나타났다. 유대인 중에서 흡연자, 알코올 중독자, 이혼가정이나 가출 청소년 등을 찾아보기 힘들다. 이 부분은 세계 최저다. 인생의 어려움을 당해도 그것을 이길 힘을 안식일을 통해서 얻기 때문이다.

대대로 이어지는 밥상머리 교육

식구食口란 한자는 밥을 함께 먹는 사람을 뜻한다. 우리 민족은 밥상(식사 자리)을 끼니를 때우는 식사 본연의 목적뿐 아니라 예절과 교육의 장으로 활용하곤 했다. 우리 조상들은 유년 시절부터 조부모님, 부모님, 형제자매가 늘 식사를 함께했다. 가장 큰 어른이 수저 드시는 모습을 본 후에야 식사를 시작했다. 식사 외에도 어른들의 가르침을 받는 자리였다. 예절과 예의는 공동체의 질서를 유지하고 구성원들 간의 관계를 돈독히 하는 꼭 필요한 교육이었다.

그러나 유대인과 달리 우리나라는 밥을 먹을 때 입을 닫는다. 그런데 밥을 먹으면서 조용해지면 대화를 할 수 없기 때문에 아이와 친해질 수 없다. 유대인 안식일 식사 시간은 3시간은 기본이다. 30분 식사하고 나머지 2시간 30분은 대화를 하고 토론하며 논쟁한다. 어떤 주제가 나와도 부모는 그 주제를 가지고 애들 눈높이로 설명을 해서 토론 주제를 끌어낸다. 안식일 식탁에 오르지 않는 토론 주제는 없다.

그래서 일상적인 대화가 가능하고 어떤 문제든지 부모와 의논하는 습관이 생기게 되고 가족 간에 유대관계가 형성된다. 평소에 질문을 많이 하게 되면 머리가 좋아지는 것은 당연한 결과일 것이다.

한편, 유대인들은 밥상머리 대화시간을 늘리기 위해 디저트를 개발해 세계 디저트 식품업계를 장악하고 있다. 31가지 아이스크림을 파는 배스킨라빈스, 윌리암 로젠버그가 창업한 던킨 도넛, 루벤 매투스가 만든 하겐다즈 아이스크림, 밀턴 허쉬가 만든 허쉬초콜릿, 그리고 세계적 커피 프랜차이즈인 스타벅스 등의 창업주가 모두 유대인이다. 이런 노력의 덕분으로 유대인의 밥상머리 대화는 즐거운 식사와 대화가 꽃피는 활기찬 교실이 된 것이다.

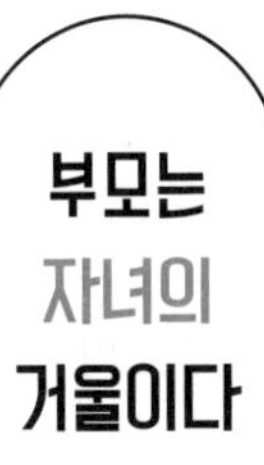

부모는 자녀의 거울이다

가정은 한 아이를 인격체로 만드는 평생 학습장이다. 특히 자녀는 부모가 하는 말과 행동을 보고 배운다. 부모가 아끼고 사랑하는 모습을 보여주면 자녀는 부모의 사랑을 본받는다. 반대로 서로 헐뜯고 무시하는 모습을 보여주면 자녀 역시 부모의 전철을 밟는다.

가정이 화목하지 않아서 아이에게 사랑이 결핍되면 정서적으로 성장하지 못하는 경우가 많다. 아이는 성격장애, 행동장애, 우울증, 적응장애를 겪을 수도 있다. 그래서 부모는 아이를 정말 사랑하고 소중하게 생각한다는 것을 알려주기 위해서라도 아이를 자주 안아주어야 한다. 그러면 아이는 안정감을 느낀다. 아이들은 가정에서 많은 것을 배운다. 격려를 받으며 자란 아이는 자신감을 배우고, 존중받으며 자란 아이는 바르게 사는 법을 배운다. 부모의 말 한마디는 아이의 정신세계에 영향을 미친다. 부모의 따뜻한 말은 아이들이 자기 자신에 대해 긍정적인 이미지를 키울 수 있게 하고 스스로를 자신감 있고 확신에 찬 존재로 바라볼 수 있게 한다. 가정에서 어떤 가치를 배우느냐가 곧 아이의 학습 태도로 나타난다.

학교에 가기 전에 이미 가정에서 아이의 중요한 행동 특성들은 결정된다. 학교에서 형식과 이론을 통해서 배우지만 가정에서는 생활 모습과 행동에서 배운다. 학교에서는 지식을 배우지만 가정에서는 배운 지식을 일상생활에 적용하는 지혜를 배우기 때문에 가정교육이 더 중요하다. 유대인의 가정은 많은 율법과 종교적 절기를 엄격히 지킨다. 이렇게 엄격한 생활 규율은 가정이 중심이 되지 않으면 지킬 수 없기 때문에 가정교육이 자연스럽게 이루어질 수밖에 없다. 유대인 아이들은 어른의 본을 받아 유대인의 사상과 규율을 배우고 익힌다. 유대인의 가정은 그야말로 생활교육의 장이다.

일이 바쁘고 몸이 피곤하면 안 해도 그만이라며 슬쩍 넘어가는 부분이 가정교육이다. 하지만 유대인 부모들은 가정교육에 엄격하며 생활규율을 철저히 지킨다. 아이들의 습관, 품성, 인격, 나아가 지능까지도 상당 부분 가정에서 결정된다고 믿기 때문이다. 그리고 가정에서 사소한 규칙들을 엄격하게 지키는 것이야 말로 유대인들이 슈퍼인재를 키워내는 핵심요소다. 매일 기도하기, 『토라』와 『탈무드』 읽기, 부부가 서로 존중하기, 가족과 함께 식사하기를 통해 자녀에게 어른으로서 솔선수범하는 모습을 보이는 것이다.

부모의 체면과 자랑이 아이를 흔들리게 한다

"우리 아들은 벌써 한글을 읽어요. 우리 딸은 원어민처럼 영어 발음을 해요."

이렇게 자신의 자녀를 자랑하고 싶어서 아직 어린 나이인데도 각종 학원이며 영어유치원에 보낸다.

"우리 아들 이번에 명문대에 들어갔잖아요."

이렇게 여기저기 자랑하고 다니는 사람은 진정 자식 자랑을 하는 것이 아니라 그렇게 키운 부모 자신을 자랑하는 것이다. 이런 자랑이 너무 심해지면 곤란하다. 부모가 자기 가치관을 바로 세우지 못했다는 반증이다. 분명한 삶의 가치관이 없기 때문에 겉으로 드러난 아이의 결과로 자기를 자랑거리로 삼는 것이다. 큰 아파트, 외제차, 좋은 대학, 명품가방, 이 모두가 체면으로서의 자랑거리며 그만큼 자신의 마음은 비어 있다는 것을 드러낼 수도 있다.

높은 이상을 추구하면 중간에 좌절할 일이 없다. 한국 학생들처럼 좋은 대학과 좋은 직장이 목표가 되면 그것을 달성하고 나서는 무엇을 바라봐야 할지 허탈해진다. 하지만 유대인은 세상을 지금보다 더 좋게 만드는 데 자신이 기여할 수 있는 것을 찾는다. 그뿐만 아니라 유대인은 자신이 어디에 있든지 하느님이 항상 보고 있다고 생각하기 때문에 범죄율이 매우 낮다.

이스라엘에 오래 살고 있는 한국 교포들은 유대인들이 서로를 때리면서 싸우는 모습을 한 번도 본적이 없다고 입을 모은다. 사실 유대인이 전혀 싸우지 않는 것은 아니다. 유대인도 성격이 급하므로 많이 싸운다. 하지만 말로 싸울 뿐 폭력을 사용하는 일은 거의 없다. 누군가를 때리면 바로 경찰이 출동하여 무조건 먼저 때린 사람이 구속된다고 한다.

특히 아이 교육에 있어 '자존감'은 매우 중요한 요소다. '자존감'과 '자존심'은 자신에 대한 긍정이라는 측면에서 공통점이 있지만 '자존심'은 타인과의 경쟁에서 생기는 감정으로 만일 패배한다면 자기에 대한 감정이 곤두박질치기 마련이다. 하지만 '자존감'은 자신을 있는 그대로 용납하는 것이기 때문에 결과에 영향을 받지 않는다. 자존감 있는 아이로 키우려면 부모가 먼저 자존감 있게 행동해야 한다.

만일 사람이 많은 곳에서 아이가 떼를 쓴다면 자존감 낮은 엄마는 "창피하게 왜 이래? 사람 많은 곳에서 이러면 혼난다고 했지"라고 반응하기 마련이지만 자존감 높은 엄마는 "우리 아가가 속상한 게 있구나. 엄마가 몰라줘서 미안해"라고 아이의 처지에서 생각한다.

아이를 생각하는 이런 마음 하나하나가 모여 아이의 자존감을 살리게 된다. 하지만 무엇보다 아이에게 아무리 좋은 것을 해주어도 부부가 만든 가족공동체가 화목한 것에는 미치지 못한다. 그러므로 남편은 아내를, 아내는 남편을 진심으로 존중한다면 자라나는 아이는 마음이 편해져 무엇이든지 할 수 있는 힘을 얻게 될 것이다.

저절로 성장하는 마법의 시간

유대인들이 보통 아이에게 책을 읽어주는 시간은 15~30분 정도다. 30분을 넘어서면 아이들이 지루해할 수 있다. 사실 책을 읽어주는 시간은 하루 종일 어느 때라도 상관없다. 다만 같은 장소, 같은 시간에 규칙적으로 읽어주고 자연스러운 목소리로 천천히 정확하게 읽어주는 게 더 중요하다.

읽어주는 도중에 아이가 질문할 때는, 설령 엉뚱한 질문이라도 무시하지 말고 아이의 수준에 맞춰 성의껏 답변해주어야 한다. 책은 엄마와 아이 모두 흥미를 느낄 수 있는 것으로 고르되, 아이의 성향과 성장 단계에 맞추도록 유의한다. 아이와 함께 가까운 어린이 책 전문 서점을 방문해서 고르는 것도 좋은 방법이다. 참고로 읽기 컨설턴트 멤 폭스가 『아이랑 소리 내어 책 읽은 15분의 기적』에서 알려주는 책 읽어주기 요령은 다음과 같다.

- 매일 15분씩 읽어준다.
- 하루에 최소 세 가지 이야기를 읽어준다.
- 생기 있고 밝게 읽어준다.
- 즐겁게 읽어주며 아이와 많이 웃는다.
- 아이가 좋아하는 이야기는 몇 번이고 반복해서 읽어준다.
- 노래, 동시 등 다양한 언어를 들려준다.
- 반복되는 구절(라임)이 있는 책을 읽어준다.
- 공부가 아니라 놀이임을 기억한다.
- 읽기를 강요하지 않는다.
- 부모도 즐거운 마음으로 책 읽어주는 시간을 기다린다.

어쩌면 부모에게는 이 시간이 아이와 대화하기에 가장 어렵고 바쁜 시간일지도 모른다. 여러 가지 밀린 일들을 해결해야 하기 때문이다. 그래서 베드 사이드 스토리Bed Side Story는 부모의 결단과 의지 그리고 자식에 대한 사랑을 필요로 하며 아이에게도 부모에게도 어길 수 없는 습관으로 굳어질 필요가 있다. 유대인 부모는 자녀에게 하루의 많은 경험들 중 기분 나빴던 일, 슬펐던 일을 그날에 마무리 지을 수 있도록 배려한다. 아무리 자녀를 심하게 꾸짖었더라도 아이가 잠자리에 들 때만은 정답게 다독이며 좋지 않은 감정의 앙금이 어린 마음에 남아 있지 않도록 하는 것이다.

그리고 『토라』나 『탈무드』에 나오는 이야기나 위인전, 동화 등을 들려준다. 특히 위인전을 읽어줄 때는 반드시 전통을 빛낸 인물들을 모델로 제시한다. 자신의 관심 분야에서 뛰어난 성취를 이룬 위인의 이야기를 듣는 동안 아이의 가슴속에는 동경과 선망이 싹트며 이내 자기 꿈으로 자라게 된다. 즉 역할 모델을 통해 자기 동일시가 이루어지는 것이다.

베드 사이드 스토리는 아이가 정해진 시간에 잠드는 습관을 갖도록 만드는 효과도 더불어 가져오지만 가장 중요한 효과는 무엇보다 아이의 언어발달에 지대한 도움을 준다는 것이다. 한참 말을 배우는 아이가 책에 나오는 다채로운 단어들과 그 단어들이 아름답게 어우러지는 문장들과 무수히 접촉하기 때문에 어휘력과 표현력이 발달하지 않을 수 없다. 더구나 이야기를 듣는 동안 아이는 추상적인 개념들도 자연스럽게 익히며 다양한 정서들을 경험하게 된다.

베드 사이드 스토리의 중요성은 뇌의 작용으로도 설명된다. 인간의 뇌 속에는 해마라는 기관이 있어서 잠을 자는 동안 저장해야 할 기억과 버려야 할 기억을 정리한다. 잠든 사이에 가장 활발하게 작용하는 해마는 낮의 상황을 기억해두었다가 우리가 자는 동안 그 기억을 정리하고 축적한다. 그래서 잠들기 직전에 정보가 가장 잘 저장된다.

베드 사이드 스토리가 아이의 기억에 오래도록 남는 것도 이 때문이다. 게다가 부모가 자신을 사랑한다는 것을 직접 체감하면서 잠들 수 있기 때문에 아이와의 애착을 형성하기에도 이보다 더 좋은 방법은 없다. 잠잘 때마다 부모의 사랑을 확인하면 그 사랑의 확인이 뇌에 그대로 저장되어 아이는 일생에 걸쳐 긍정적이고 안정적으로 정서의 균형을 이룰 수 있다.

풍부한 언어 환경을 만들어주어라

자녀가 공부 잘하는 사람이 되게 하고 싶다면 가능한 한 빨리 언어력을 키워주는 일에 집중해야 한다. 어휘를 풍부하게 해주면 공부는 나중에 저절로 된다. 괴테는 어릴 때 부모님에게서 이야기를 많이 듣고 자랐다. 그의 아버지는 주변을 산책하면서 역사나 지리에 대한 이야기를 해주었다. 때로는 노래를 만들어 괴테에게 들려주기도 했다. 그의 어머니 역시 괴테가 두 살 때부터 이야기를 들려주는 것을 일과로 삼았다. 이런 교육 덕분에 괴테는 놀라운 상상력을 가질 수 있었고 위대한 소설과 희극 작품을 후대에 남길 수 있었다.

특히 진정한 창의력은 자연스러움에서 나온다. 억지로 만들어낸 인스턴트같이 지나치게 가공된 이야기들이 아니다. 인위적인 것들은 새로움을 만들어낼 수 없다. 가공된 이야기보다는 사실적인 이야기(역사 이야기)가 자녀에게 훨씬 큰 감동을 주고 실천을 이끌어낸다. 유행처럼 지나가는 이야기보다는 평생 기억하고 지침으로 삼을 만한 좋은 이야기를 선별하여 들려주는 것이 좋다.

그리고 무엇보다 중요한 것은 베드 사이드 스토리가 아이가 어디에 호기심을 보이는지 탐색해주는 과정이라는 점이다. 과학책을 읽어줄 때 눈이 반짝반짝해지는지, 역사책을 읽어줄 때 관심을 보이는지, 음악을 들려줬을 때 반응을 하는지, 그림책에 빨려드는지, 아이가 호기심을 보이는 데 잘하는 달란트가 있을 확률이 높다. 아이가 호기심을 보이는 데 더 깊게 경험하게 해주면서 아이 스스로가 달란트를 찾을 수 있게 도와준다.

베드 사이드 스토리의 영향으로 유대인 아이는 네 살이 되면 다른 아이들과 견주어 언어 인지력이 거의 두 배 가까이 높다고 한다. 보통 아이들이 800~900단어를 아는 데 비해 유대인 아이들은 1,500단어 이상을 안다고 한다. 하버드 대학교의 유대인 학생들에게 유대인이 세계적으로 두각을 나타내는 이유를 물었다고 한다. 그들은 '부모와의 대화와 토론'을 가장 많이 꼽았다. 유대 가정은 가족끼리 질문하고 대화하며, 토론과 논쟁으로 자연스럽게 옮겨간다. 이를 하브루타Havruta라 부른다. 2,000년을 이어온 유대인의 전통 교육이다.

특히 베드 사이드 스토리로 자녀에게 정서적인 안정감과 행복감을 주며 언어 능력과 상상력 발달은 물론 부모와 안정된 애착 형성에 큰 역할을 한다. 부모가 잠자리에서 나긋나긋하게 읽어주는 문장과 말을 통해 아이들은 문자와 언어를 습득한다. 어릴 때부터 이런 교육을 받은 유대인들이 읽기와 쓰기에 뛰어난 자질을 보이는 점도 이상하지 않다. 잠들기 전의 짧은 시간이지만 부모가 자녀에게 커다란 영향을 미치는 중요한 순간이기도 하다. 만약 그날 두려움과 슬픔의 감정이 있다면 그날 정리하도록 잠자리에서 돕는 것도 부모의 역할이다.

유대인의 가장 지적인 대화는 유머다

모든 생물 중에서 인간만이 웃는다.

인간 중에서도 현명한 사람일수록 잘 웃는다.

찰리 채플린은 유대인이 낳은 세계적인 희극인이다. 웃음을 힘의 원천으로 삼아 그가 〈독재자〉에서 연기한 팬터마임은 히틀러를 조롱한 것으로 유명하다.

유대인들의 유머는 약소민족으로서 고난을 극복하기 위해 웃음으로 승화한 공동체적 지성의 산물이었다. 전 세계에 흩어져 핍박받아온 유대인들은 다른 어느 민족보다 유머를 즐긴다. 그래서 '웃음의 민족'으로 불린다. 친구끼리는 물론 교사와 학생, 부모와 자식 간에도 유머를 주고받는다.

교실에서의 유머는 긴장된 학생들의 마음을 풀어주고, 공부에 지친 머리에 여유를 준다. 부모와 자식이 격의 없이 나누는 유머는 굳어진 자녀들의 마음을 풀어주고 집안 분위기를 부드럽게 만들어준다.

『탈무드』를 바탕으로 만들어진 유대인들의 유머는 번뜩이는 기지와 해학의 보고일뿐더러 역경과 고난을 극복하게 해준 원동력이다. 유대인들은 괴로울 때나 슬플 때, 고통스러울 때도 서로 유머를 나누며 자신들의 정체성을 지켜왔다.

유머 능력은 창의적 사고력과 밀접하게 연관된다. 그래서 유대인들은 부자가 되거나, 높은 자리에 오를수록 유머를 중요하게 생각한다. 유머를 인간이 가진 가장 강력한 힘 중의 하나라고 생각한다. 실제 유머만큼 폭넓은 상상력과 순간적인 기지를 요구하는 것도 없다. 타인의 감정과 생각을 순식간에 읽은 뒤 그에 알맞은 한 마디 조크를 던져 상대방을 굴복시키는 것이 유머의 백미이다. 그만큼 유머는 연상력과 순발력, 빠른 두뇌 회전을 필요로 한다. 유머로 먹고사는 코미디언 중에 유대인이 많은 것도 이런 배경 때문이다. 미국 코미디언의 80퍼센트 이상이 유대인이다.

유머는 권위를 깨는 데도 유용하다. 비즈니스에서 거래를 할 때 딱딱한 분위기를 단번에 반전시킬 수 있는 것도 유머의 힘이다. 마빈 토케이어는 “자기 목표를 향해 달려가는 사람에게 웃음은 자동차의 가속 페달과 같다. 낯설고 긴장된 자리에서 던지는 한마디 유머는 화기애애한 분위기로 이끌 뿐만 아니라 자신의 가치와 역량을 드높이는 힘이 된다”고 말했다. 그래서 유대인은 “유머가 부족한 사람을 만나면 머리를 숫돌에 갈아야겠다”는 말을 쓴다. 칼날을 숫돌에 갈 듯 유머가 인간의 지성을 날카롭게 연마한다고 믿기 때문이다.

유머를 즐기고 공동체 의식을 중시하는 유대인들

유대인들은 몇 명만 모여도 생활의 일부로 유머가 오간다. 대화를 즐기기 위해 유머를 끊임없이 갈고닦는다. 그들은 사람들과 소통하기 위한 도구로 재치 있는 유머로 대화를 시작한다. 숱한 핍박과 고난 속에서 희망을 잃지 않고 살아남기 위해 유대인들은 유머를 즐겼다. 그들의 유머는 단순한 농담과 말장난이 아닌 슬픔과 해학에서 승화된 지성이었다. 유대인들은 삶의 긴장을 극복할 수 있는 유머의 힘으로 고난과 핍박의 시간을 견디며 공동체의 유대감을 길렀다. 그래서 유대인들에게 유머는 각별하다.

유대인들은 신 이외에 절대적인 권위자가 없다. 그들은 신 이외에 다른 사람의 권위에 맹종하지 않는다. 권위에 맹종하지 않고 권위를 의심하는 정신은 유대 사회를 더 진보적으로 만들었다. 그들은 신을 비롯한 대통령, 랍비, 대부호뿐만 아니라 자신조차도 스스로 웃음거리로 만들어 조크를 즐길 줄 아는 민족이다. 아인슈타인이 노벨상을 받으며 "나를 키운 것은 유머였고 내가 보여줄 수 있는 최고의 능력은 조크였다"라고 한 말은 유명하다.

유대인들은 지성이 높은 사람이 유머를 잘한다고 여긴다. 그래서 일상적인 대화에서 유머를 즐긴다. 그러다 보니 유대인 아이들은 부모와 함께 일상적인 대화를 통해서 자연스럽게 유머를 익히게 된다. 가족, 친척들이 모두 농담과 유머를 즐기는 분위기이므로 자연스럽게 유머를 배운다. 유머는 딱딱한 관계를 부드럽게 풀어주는 지혜의 도구이자 사회성을 기르는 중요한 요소다.

한 남자가 묻기를, "화가는 왜 사인을 그림 아래쪽에다 하는 겁니까?"라고 말하자,

"그것은 그림을 소유하는 사람이 거꾸로 걸지 않게 하기 위해서지요"라고 대답했다.

"유대인들은 왜 사막에서 황금 송아지를 만들었나요?"

"그야, 간단하지요. 황소를 만들기에는 금이 모자랐던 게지요"라고 재치 있게 대답했다.

● 유대인 유머

유대인들은 아이들이 부모에게 농담을 걸어오면 부모 역시 농담으로 재치 있게 받아준다. 유대인들은 유머를 가장 지적인 대화라고 여긴다. 가족 간에 격의 없는 농담을 주고받을 수 있는 이런 분위기는 가족들에게 마음의 여유도 주지만 교육적인 의미도 있다. 유머는 사물을 다른 각도에서 바라보는 것이기 때문이다.

유대인들은 유머를 세상의 이치를 꿰뚫는 지혜로 간주한다. 우리는 부모 자식 간에 학교나 성적 이야기 등에서 지나치게 사무적인 태도가 없는지 생각해볼 필요가 있다. 위트 있는 유머를 통해 긴장감을 풀고 관계를 부드럽게 해보는 것도 필요하다.

칭찬은 우리 아이를 춤추게 한다

칭찬과 격려는 아이의 잠재력에 불을 지른다

아이들이 가장 하기 싫어하는 것이 공부다. 왜 그럴까? 재미가 없기 때문이다. 왜 재미가 없을까? 그것은 공부를 왜 해야 하는지 그 목적이 분명하지 않기 때문이다. 부모의 강요에 못 이겨서 억지로 공부하는 아이들은 내적인 동기가 없어서 공부에 대한 흥미를 느끼지 못한다. 스스로 하고 싶어서 하는 공부가 아니라면 아무리 사교육비를 들여 공부를 시킨다 해도 별로 얻을 것이 없다.

이때 부모의 역할은 매우 중요하다. 부모는 의기소침해 있는 아이에게 동기부여를 해주어야 하는데 그 방법은 바로 칭찬과 격려다. 유대인 부모는 이것을 너무나 잘 알고 있기에 아이에게 칭찬과 격려를 아끼지 않는다. 잘한 일은 구체적으로 칭찬해주고 결과보다 과정을 중시하는 것이 유대인이 취하는 삶의 자세다. 격려에는 아이 안에 잠자고 있는 잠재력의 불꽃이 타오르게 하는 힘이 있기 때문이다.

칭찬을 지혜롭게 이용하라

칭찬은 아이가 잘한 일에 보상하는 행위다. 아이가 긍정적인 행동을 했을 때 말로써 인정해주는 것이 칭찬이다. 유대인 부모는 교육을 할 때 칭찬을 지혜롭게 이용한다. 그것이 아이에게 가장 강력한 동기부여가 된다는 것을 알고 있기 때문이다. 칭찬을 효율적으로 하기 위해서는 다음과 같은 방법이 있다

1. 자녀의 말을 경청하고 수용하며 공감하는 말

   "너는 그런 걸 좋아하는구나."

   "그런 마음이 들 수 있겠다."

"엄마도 그런 적이 있어."

"그런 말을 들으면 나도 화가 날 거야."

2. 지지하고 격려하는 말

"너는 힘들어도 끝까지 하는구나."

"노력하는 모습이 참 멋져."

"네가 마음먹었으니 끝까지 한번 해봐. 응원해줄게."

3. 나-전달하며 말하기

"네가 그렇게 행동하니 속상해. 엄마를 무시하는 것 같아."

"내가 바라는 건 네가 이렇게 행동하는 거야."

4. 생각을 확인하거나 질문하며 말하기

"엄마가 숙제하라고 해서 화난 게 아니라 찡그리고 말해서 싫다는 거구나."

"숙제하는데 엄마가 도와줄 일은 없니?"

"숙제 끝나면 하고 싶은 건 뭐야?"

반면 부모가 자녀를 망치는 말들도 있다.

1. 아이의 존재 가치를 부정하거나 자신감을 무너뜨리는 말

"꼴도 보기 싫어 나가버려."

"너를 낳은 내가 바보지."

"뭐 한 가지라도 제대로 한 게 있어야지."

"네가 하는 일이 다 그렇지 뭐."

2. 다른 아이와 비교하거나 비아냥거리는 말

"네 형의 반만이라도 닮아라."

"너는 어째 동생보다 못하니?"

"그래 어련히 하실까 잘도 하겠다."

"어디 두고 보자."

3. 재촉하는 말이나 대화를 단절시키는 말

"게을러 터져서 굼벵이 사촌이야?"

"뭘 꾸물거려, 빨리 하지 않고."

"어디서 꼬박꼬박 말대꾸야."

"어서 대답해봐, 하고 싶은 얘기 다 해보라니깐!"

"어쩜 그리 못된 것은 네 아빠만 꼭 빼닮았냐?"

"너를 믿는 내가 바보지."

칭찬할 때는 이유를 구체적으로 말해주자

막연히 "잘하네", "대견하다"라고 칭찬하는 것보다는 아이가 칭찬받는 이유를 말해주는 것이 좋다. 이유를 구체적으로 설명하지 않고 두루뭉술하게 칭찬하면 아이들은 왜 자신이 칭찬받는지 모른다. 그래서 그 행동을 계속해 나가려는 노력을 하지 않는다. 예를 들어 "하루에 한 권씩 책을 읽다니 참 기특하구나"라고 칭찬하면 아이는 꾸준히 책을 읽도록 노력한다. "스스로 세운 계획을 지키는 게 정말 대견하다"고 하면 아이는 계획을 실천하도록 최선을 다할 것이다. 이처럼 자신이 한 일을 구체적으로 칭찬하면 엄마·아빠가 굳이 잔소리를 많이 하지 않더라도 아이는 노력하는 모습을 보여줄 것이다.

결과보다 과정과 노력을 칭찬하자

"학습지를 미리 다 풀어놓으니까 얼마나 좋아"라고 말하면 아이는 부담을 느낄 수도 있다. 대신 "조금씩이라도 매일매일 학습지를 푸니까 참 대견하구나"라고 칭찬해보자. 아이의 자신감이 조금씩 자랄 것이다. 결과에 대해서만 칭찬하면 아이는 칭찬을 받기 위해 어려운 것에 도전하기보다는 쉽고 익숙한 과제만 해결하려고 한다. 하지만 노력한 과정을 칭찬해주면 아이들은 새로운 것에 도전하는 용기와 쉽게 좌절하지 않는 긍정적인 성격을 갖게 된다. 가령 아이가 책을 읽을 때 "책을 끝까지 읽으니 너무 예쁘다"고 칭찬하면 책 읽기를 지루해하던 아이도 어느새 책을 즐겁게 읽게 된다.

따뜻한 스킨십을 더해 칭찬하자

아이들은 말로만 칭찬받을 때보다 꼭 안아주고 어깨를 토닥거리거나 머리를 쓰다듬으면서 칭찬받을 때 더욱 기뻐하고 오래도록 기억한다. 무엇보다 '내가 사랑을 받고 있구나'라는 것을 훨씬 더 직접적으로 느낄 수 있다. 스킨십을 더한 칭찬은 엄마·아빠의 따뜻한 정서를 전하고 용기를 북돋워주기 때문이다. 따라서 아이를 칭찬할 땐 말로만 하는 것보다는 되도록 말과 행동으로 해주는 것이 좋다.

모든 칭찬이 다 좋은 것은 아니다

잘못된 칭찬은 오히려 배려심이 없고 자기중심적인 아이로 만든다. 일관성 없는 칭찬은 아이의 행동이나 판단에 기준을 주지 못해 자신감을 갖지 못하게 만든다. 식탁을 차리는 일을 거드는 아이에게 어제는 "엄마를 도와줘서 고맙다"고 하고 오늘은 "귀찮게 하지 말고 얌전히 좀 있어"라고 말한다면 아이는 자신의 행동에 자신감을 갖지 못한다.

칭찬과 야단을 동시에 하는 것도 바람직하지 않다

"이건 잘했어, 그런데 말이야" 하는 식으로 야단을 치기 위해 말머리를 칭찬하는 것은 좋지 않다. 아이는 자칫 칭찬을 받는 것인지 야단을 맞는 것인지 헷갈릴 수 있다. 이런 일이 자주 일어난다면 칭찬 뒤에는 으레 꾸중이 뒤따르는 것으로 인식해버려 칭찬의 의미가 사라질 수 있다.

진심을 담지 않고 무턱대고 하는 칭찬도 좋지 않다. 아이들도 스스로 생각해도 성에 차지 않는 일들이 있다. 본인은 그림을 너무 못 그렸다고 생각하는데 "참, 잘 그렸구나" 하고 칭찬하는 것은 오히려 아이에게 열등감을 조장할 수 있다.

이 경우 진심을 담아 "열심히 그렸구나. 엄마는 네가 뭐든지 열심히 하는 모습이 참 좋다"고 말해주는 것이 좋다. 무턱대고 칭찬을 남발하는 과잉 칭찬은 아이에게 치명적일 수 있다. 과잉 칭찬을 받은 아이는 자신의 행동에 대해 스스로 평가하기가 힘들다. 즉 다른 사람의 평가에 따라 좌지우지될 수 있기 때문이다.

또 과잉 칭찬을 받은 아이는 자기중심적인 성향을 띨 수 있다. 항상 자신을 주목해주기를 바라며 주변 사람들의 감정을 배려할 줄 모르게 된다. "넌, 원래 똑똑해", "넌 타고난 머리가 있어"처럼 선천적이거나 기질적인 부분에 대해 칭찬하면 아이는 당장에는 좋아하지만, 시간이 지나면서 점점 의욕을 잃게 된다. 선천적인 자질에 대한 칭찬이 좋지 않은 이유는 바로 자기 통제력을 가질 수 없기 때문이다. 아이는 자칫 자신의 노력으로는 스스로 변할 수 없고 자신의 환경도 어찌할 수 없는 것으로 받아들일 수 있다.

바른 칭찬 실천 체크리스트

- □ 결과보다 노력을 칭찬했는가?
- □ 적절한 스킨십을 동반했는가?
- □ 과정을 확인하고 칭찬했는가?
- □ 칭찬의 이유를 구체적으로 설명해주었나?
- □ 행동 직후 칭찬했는가?
- □ 칭찬에 대한 적절한 보상을 주었나?
- □ 진심을 담아 칭찬했는가?
- □ 지나친 과장은 지양했는가?
- □ 다른 사람들도 알 수 있는 공개적인 칭찬이었나?
- □ 칭찬할 만한 일에 칭찬해주었나?

체크 결과	실천도	평가
1~3개	낮음	칭찬법에 대한 점검 필요
4~7개	보통	적절하게 칭찬해주고 있음
8~10개	높음	바른 칭찬을 실천하고 있음

출처: 교원 그룹

2
장

자녀교육

자녀는
신이 맡긴
선물이다

유대인 아이들은 사춘기가 없다?

유대인들은 성장하여 13세가 되면 '바르 미쯔바'라는 성인식을 치른다. '바르 미쯔바'의 '바르'는 아들을 뜻하고, '미쯔바'는 계약(율법)을 뜻한다. 그러므로 '바르 미쯔바'는 '계약의 아들', '율법의 아들'이란 뜻이다. 사람의 아들에서 성인식을 통해 '율법의 아들'로 거듭나는 순간이다. 이렇게 성인식을 마친 유대인은 하느님의 모든 계명을 지킬 의무를 갖게 된다. 이제까지는 계명을 지키지 않아도 그 일차적인 책임이 그가 아닌 그의 아버지에게 있었다.

그러나 이제부터는 모든 책임을 그 스스로가 져야 한다. 부모로서는 이 날이 자녀에 대한 종교적 책임과 자녀교육의 의무를 면하게 되는 기쁜 날이다. 사춘기가 시작되는 13세에 자신의 삶에 대해 스스로 책임지게 하는 성인식은 유대인 청소년들을 더욱 성숙하고 신중하게 만든다. 또 비로소 유대인 공동체의 일원이 되며 공동체를 대표하여 『성경』을 봉독할 수 있고, 회중을 대표하여 대표 기도도 할 수 있다. 자의식이 가장 강한 시기, 곧 사춘기에 하느님과 직접 계약을 맺음으로써 하느님이 자신의 삶에 개입해 있다는 사실을 강하게 인식하게 되는 것이다.

성인식에서 아이들은 부모와 하객들로부터 『성경』, 손목시계, 축하금, 이 세 가지를 선물로 받는다. 『성경』은 신神, 시계는 시간時間, 축하금은 물질物質을 상징하며 신 앞에 부끄럽지 않게 살고, 누구에게나 주어지는 시간時間을 잘 지키고 낭비하지 않으며, 살아가는 데 필요한 물질을 구할 수 있는 돈도 잘 관리하라는 교훈을 담고 있다.

유대인들의 성인식은 만 13세에 한다. 우리나라로 치면 중학교 1학년, 2학년 연령대를 왔다 갔다 하는 나이로 우리 정서로는 성인으로 치기에는 다소 이른 나이다. "대한민국에서는 예측 불가능하고 어디로 튈지 모르는 중학교 2학년들이 있어서 북한이 못 내려온다"라는 우스갯소리가 있을 정도로 사춘기 무렵의 아이들은 부담스러운 존재다. 어떤 엄마에게 "요즘 어떠세요?" 하고 물었을 때 "요즘 우리 아이가 중2라서요" 하면 더 이상 묻지도 따지지도 않는다고 할 정도다.

사춘기 아이들을 키우면서 뭐가 힘든지 물어보면 "아이가 말을 듣지 않는다", "아이가 자기 뜻대로 강하게 하려고 한다"는 등 이런저런 이야기를 많이 한다. 결국은 어쩌면 유대인들은 그 아이들이 '열세 살 정도가 되었을 때 부모 곁을 떠나서 자기가 자기 인생의 주인으로서 살아가는 나이라고 인정한 것'이라고 볼 수 있다.

안식일에 열리는 축제, 성인식 행사

유대 전통에 따르면 성인식이 끼어 있는 해당 주간의 안식일(샤밧)을 성인식 날로 잡는다. 먼저 당일 성인식을 맞는 소년은 『토라』 두루마리를 펴고 두루마리 위로 축복문을 낭송한다. 이어서 선지서 가운데 한 부분을 히브리어로 큰 소리로 읽는다. 회중 앞에서 『토라』를 공식적으로 읽는다는 것은 유대인들에게는 특별한 축복으로 여겨져왔다. 그러므로 『토라』를 편 후 먼저 축복문을 낭송함으로써 그 특권을 처음으로 행사하게 된다.

이런 관습은 과거 유대인의 문맹 퇴치에 크게 기여했다. 유대인 남자들이 고대에서부터 모두 글을 아는 것은 성인식 때 『토라』의 한 부분을 읽어야만 했기 때문이다. 아들이 낭송을 끝내자마자 부모는 아들의 말을 바로 받아 다음과 같이 화답한다.

"이 아이에 대한 책임을 면하게 해주신 하느님께 축복이 있기를……."

이와 같이 부모는 더 이상 아들의 종교적 잘못에 대해 연대 책임이 없다는 것을 공적으로 증인들 앞에서 선포한다. 이는 앞으로의 모든 종교적 잘못에 대한 책임은 성인식을 하는 본인 스스로 진다는 선포이기도 하다. 비록 13세 소년이지만 더 이상 부모에게 예속되지 않고, 스스로 독립적인 종교인이자 성인이 됨을 인정받는 시간이다.

다음 순서는 소년이 말씀을 강론하는 '드라샤'이다. 소년은 성인식 전에 미리 준비한 유대 율법 중 한 가지 논제를 정하여 이날 친지들이 보는 앞에서 강론한다. 중세 독일 유대인들은 성인식 다음에 따로 드리는 예배시간에 성인이 된 소년에게 설교를 하게 했다. 오늘날도 대부분의 유대인들은 오후 예배시간에 성인이 된 소년으로 하여금 설교하게 하는 전통을 고수한다. 드라샤가 끝나면 성대한 음식을 함께 나누는 축제의 시간을 갖는다. 이때 주위 친지들과 이웃들은 한 사람의 온전한 유대인이 탄생한 것을 기뻐하며, 소년을 이스라엘 총회(클랄 이스라엘)의 회원으로 맞이한다.

성인식 후 1년간 진행되는 성인훈련

성인식 후 1년이 아주 중요하다. 이 기간에 소년은 성인훈련을 받는다. 유대인에게 성인이란 온전한 유대교 신앙을 지키며, 그 신앙을 바탕으로 사회에 봉사할 수 있는 사람을 뜻한다. 매주 금요일 저녁과 토요일 아침 예배에 참석해야 하는 의무가 있다. 또 예배 끝을 마감하는 찬양을 인도할 수 있으며, 『토라』를 묶거나 법궤 안에 소장할 수도 있다. 월요일과 목요일에 『토라』를 읽을 수도 있으며, 헌금위원으로 봉사할 수도 있다. 이러한 훈련을 통해 일 년 후 자유롭게 예배를 도울 수 있는 예배 조력자가 된다.

특히 이 기간에 사회봉사 훈련을 의무적으로 받는다. 병원을 방문해 병자나 노인들을 돌보아야 한다. 무료로 어린이들에게 히브리어나 다른 언어를 가르치거나 교도소 방문이나,

양로원 방문 등 사회봉사 활동을 의무적으로 해야 한다. 이러한 봉사를 통해 그들은 사회를 배울 뿐 아니라 사회를 섬기는 법을 배운다. 이 기간에 하느님과 계약을 직접 맺은 사람이 어떻게 세상을 섬기며 살아나가야 되는지를 구체적으로 훈련받게 되는 것이다.

서양인은 동양인에 비해 자주성, 독립성이 강하다. 반면, 동양인은 서양인에 비해 독립성이 떨어지고 의존적인 편이다. 이런 성격의 차이는 선천적인 것이 아니라 교육이 결정한다. 서양 사람들은 어려서부터 자녀의 독립성과 자주성을 키워주기 위한 훈련을 한다. 예를 들어 아이가 어느 정도 자라면 독방에서 혼자 자도록 훈련시킨다.

아이가 운다고 당장 방에 뛰어 들어가 달래주지 않고 방문 밖에서 "엄마 여기 있으니 안심해"라고 이야기하며 기다린다. 성격이 형성되는 어린 시절에 자립심과 개척정신, 독립성을 키워주기 위해서다. 심리적 이유離乳를 빨리 시작하는 셈이다. 그런 의미에서 자주적이고 독립적인 인격체로서 책임의식을 느끼도록 성년의식을 치르는 것이다. 술 마시고 담배 피우는 등 어른의 행동을 허용한다는 것이 아니라 유대 율법과 전통에 대한 책임을 지며, 유대 공동체 생활의 모든 영역에 참여할 수 있는 특권을 부여받게 되는 것이다.

그리고 자립심을 제대로 키우기 위해 조언도 아이가 요청해올 때까지 기다린다. 요청해오지 않으면 절대 조언을 해서는 안 된다. 그리고 요청하는 문제에 대해서만 조언한다. 그리고 조언은 조언에서 끝나야 한다. 아이가 스스로 답을 찾아 결정에 이르도록 돕게 유도한다. 결국 핵심은 아이를 어른으로 대접한다는 것이다.

이 세상 모든 부모들의 고민
'내 아이를 어떻게 잘 키울 것인가?'

유대인들은 자녀교육의 목표를 성공에 두지 않는다. 자녀를 사회적으로 성공한 사람을 만들기 위해 노력하는 게 아니라 자녀가 '온전한 인격체'로 성장하게끔 부모로서의 본을 보이는 데 최선을 다한다.

궁극적으로 '나'로 사는 법이 아닌 '우리'로 사는 법, 곧 '더불어 사는 법'을 자녀에게 가르친다. 이것이 유대인들이 2,000년이 넘는 떠돌이 생활에서도 동질성을 유지하며 지금까지 살아남은 이유이기도 하다.

최초의 라이벌 형제자매

오빠와 동생이 파이를 앞에 놓고 싸우고 있었다. 둘 다 더 큰 파이를 먹기 위해서 서로 파이를 자르겠다고 다투었다. 동생보다 힘이 센 오빠가 칼을 빼앗아 자기 몫을 크게 자르려고 했다. 자기 몫이 작아질 거라고 생각한 동생은 큰소리로 울었다. 이 모습을 지켜보고 있던 엄마가 나섰다.

"잠깐 아들아 네가 힘으로 칼을 빼앗아 파이를 자르게 되었으니, 동생도 한 번의 선택은 할 수 있어야 하지 않겠니? 네가 파이를 자르면 잘린 파이를 선택하는 것은 동생이 하도록 하자구나."

이 말을 듣자 오빠는 정확하게 파이를 반으로 잘랐다. 『탈무드』에 이런 말이 있다.

"형제의 개성을 비교하면 모두 살리지만 형제의 머리를 비교하면 모두 죽인다."

유대인 부모는 형제자매의 싸움에 재판관이 되어 싸운 당사자의 말을 충분히 들은 다음 공정하게 잘잘못을 가려준다. 가족 간의 경쟁의식과 싸움은 동서고금을 막론하고 있어왔다. 그러나 공정하지 못하고 한쪽으로 치우치게 되면 질투와 시기심으로 말다툼하거나 큰 싸움으로 번지게 된다.

선의의 경쟁을 시키면서 우애를 키운다

어떤 가정은 형제끼리 사이가 좋아서 서로 친구처럼 지낸다. 큰 아이는 작은 아이를 잘 돌보면서 모르는 것을 가르쳐주기도 하고 동생은 형을 잘 따른다. 그런데 형제끼리 사이가 안 좋은 가정이 너무나 많다. 아이들은 싸우면서 큰다는 말이 있지만 집안에서 형제끼리 자주 다투면 부모로서는 고민이 된다.

아이들 사이에서 중재를 하고 제발 사이좋게 지내라고 타이르기도 하고 야단도 쳐보지만 그때뿐이다. 아이들은 서로 싸우다가 화가 나면 씩씩거리며 이렇게 항의하기도 한다.

"형이 없었으면 좋겠어요. 얘는 왜 낳았어요?"

형제간의 갈등 문제는 자못 심각하다. 이 문제가 원만히 해결되지 않으면 가정의 평화가 깨지고 아이들은 사회성을 발달시키지 못하여 원만한 대인관계를 유지하기 어려운 성격이 되기도 한다. 사실 형제끼리 다투는 것은 아이들이 성장하면서 한 번은 거쳐야 할 과정이다. 그렇게 다투지 못하게 하면 오히려 갈등관계를 긍정적이고 우호적인 방향으로 해결하는 방법을 배울 수 없다. 아이들이 서로 다투고 경쟁하는 과정에서 서로의 다른 점을 인정하고 의견을 조정하고 양보하는 법을 배운다.

그리고 어떻게 하면 다른 사람의 호의를 얻어내고 협조를 이끌어낼 수 있는지, 타협은 어떻게 보는 것이 좋은지 등을 배운다. 우리나라 부모들은 형제끼리 무조건 우애가 돈독해야 한다고 강조한다. 그런데 유대인 부모는 그렇게 하지 않는다. 형제끼리 다투면 양쪽에게 자신의 의사를 충분히 표현할 기회를 준다. 그리고 부모가 심판자가 되어 누가 잘못했는지를 알려준다. 그런 다음에는 더 이상의 싸움을 허용하지 않는다. 유대인 부모는 형제끼리 선의의 경쟁은 도덕성이나 독립심, 책임감 등을 효과적으로 배울 수 있는 기회라고 여긴다. 그러면서 우애를 키워나가도록 유도한다.

또 유대인 가정에서는 아무리 부모와 자식 간, 형제간이라도 자기 물건이 아닌 것을 쓰려면 허락을 받고 빌려야 한다. 유대인 부모는 아이들이 부모의 책상 위에 있는 물건을 가지고 놀면 이것은 "아버지 물건이니까 너희들이 가지고 놀면 안 돼"라고 분명하게 말해준다. 그리고 형제간이라도 형이 동생의 물건을 사용하고 싶으면 동생에게 "빌려주겠냐?"고 물어본 다음에 가져가도록 가르친다.

가족끼리 그렇게 소유권을 분명히 할 필요가 있느냐고 의문을 제기할지도 모른다. 그러나 이렇게 가족 전체의 물건이나 형제의 물건을 소중히 해야 한다고 배운 아이들은 도덕 교육을 따로 받지 않아도 밖에서 남의 물건이나 공공의 시설을 소중히 다루며 남에게 폐를 끼치는 행동을 하지 않게 된다. 부모가 구태여 말하지 않아도 아이들은 가정에서부터 공중도덕을 자연스럽게 익힐 수 있게 된다.

한국인들은 흔히 형과 동생을 비교한다. "형은 공부를 저렇게 잘하는데 너는 왜 이 모양이냐?"는 식으로 나무라는 경우가 흔하다. 하지만 유대인들은 형과 동생의 두뇌를 비교하는 법이 절대 없다. 두뇌를 비교한다고 해서 공부 못하는 자식의 성적이 오를 리도 없고 오히려 자포자기에 빠져 나쁜 길로 접어들 가능성이 크기 때문이다. "자녀의 두뇌는 서로 비교하지 말되 개성은 서로 비교하라"는 유대인 격언대로 자녀들이 각각의 재능과 개성을 잘 살리도록 선의의 경쟁을 부추기는 게 유대인 교육법의 특징이다.

자식들이 친구 집에 놀러갈 때 형제를 함께 보내지 않는 것도 각자의 개성을 살려주기 위한 노력의 일환이다. 형제라 해도 성격이나 취미가 다를 테니 같은 장소에 가서 어울리기보다는 각자 다른 친구 집에 가서 다른 세계를 접하는 편이 나을 것으로 여긴다. 유대인들은 한 부모 아래 태어난 형제라도 저마다 특별한 재능과 개성이 있으며 이를 잘 살려주는 것이 부모의 역할이라고 확신한다.

동생에 대한 질투, 이해해야 한다

갓난아기는 잠자고 먹는 것만으로도 부모들의 모든 관심을 받는다. 그래서 작은아이가 태어나면 부모는 자신도 모르는 사이에 관심과 사랑을 작은 아이이게 쏟게 된다. 게다가 갓난

아이에 대한 돌봄이 당연하다고 여겨지므로 알게 모르게 큰 아이에게 소홀해진다. 하지만 큰 아이는 동생이 태어나도 엄마의 사랑을 독차지하려 한다. 아이의 입장에서 동생은 그간 엄마를 독점했던 상태에 대한 위협이다. 그래서 동생이 태어나면 아이는 심한 좌절감을 느끼며, 심지어 엄마의 사랑을 빼어간 동생에게 해코지하려 든다.

아이는 동생이 태어나거나 양육 방법이 엄격해지면 부적응 행동을 보이고 심지어 거짓말을 하기도 한다. 집안에서 인정받지 못한다고 생각될 때 거짓말을 해서라도 자신의 존재를 드러내길 원하기 때문이다. 이때 부모들은 큰 아이의 행동을 문제행위로 인식하지 말고 아이를 이해하려고 노력해야 한다. 무엇보다 절대 아이들을 편애하지 않는 게 중요하다. 둘 모두에게 부모의 무한한 사랑을 인식시킬 필요가 있다. 아이가 '엄마 아빠가 나를 믿는구나'라고 생각하면 자신을 솔직하게 드러내며 거짓말도 하지 않는다.

또 중요한 건 형제간에 우애를 쌓게 만드는 일이다. 가족 여행을 계획한다거나 집에서 부모와 함께 협동놀이를 하는 것도 방법이다. 형제간 놀이에서 주의할 점은 부모는 되도록 직접 참여하지 않는 것이다. 아이들 스스로 갈등을 해소하도록 하는 게 좋다. 이때 형제간에 물리적, 심리적 상처를 주는 행동을 용서해서는 안 된다. 또 형제자매 간에 고자질을 용인하면 안 된다. 반면 서로 도와주고 사이좋은 모습을 보일 때는 무조건 칭찬해주어야 한다. 부모가 아이들을 즐겁게 해주는 것보다 아이들이 서로를 즐겁게 해주는 편이 훨씬 유익하다. 그런데 이러한 질투 현상은 유아기에만 있는 것이 아니다. 자라면서 응어리진 마음은 언제든 표출될 수 있기 때문이다.

첫째와 둘째, 팔자가 다르다?

같은 환경에서 자랐고 서로 공유하는 유전자가 많을 텐데도, 두 아이는 성격·행동·취미·식성 등 여러 면에서 무척 다르다. 사실 한집에서 자란 형제나 자매들이 서로 많이 다르다는 것은 상식이다. 그간 발표된 연구들도 이 상식을 뒷받침한다.

미국 컬럼비아대학교 연구진이 지난 1973년 『사이언스』에 발표한 형제의 차이에 대한 기념비적 연구가 있다. 이들은 출생 순서에 따라 지능이 달라지는지 확인하기 위해, 1963년부터 1966년 사이에 19세가 되어 군 입대 여부 결정을 위해 신체검사와 함께 지능검사를 받아야 했던 덴마크 남자 38만 6,336명의 자료를 분석했다. 지능은 가장 뛰어난 경우 1등급으로, 가장 처지는 경우는 6등급으로 분류했다. 의외로 출생 순서와 지능과의 관계는 꽤 명확했다. 첫째들의 평균 지능은 2.3등급, 둘째들은 2.5등급, 셋째들은 2.6등급으로, 동생들의 지능은 평균적으로 형들보다 낮았다. 첫째들은 한동안 경쟁 상대가 없는 상태에서 부모의 모든 관심과 배려를 독차지할 수 있어 지적 발전의 기회가 충분하지만, 나중에 태어난 동생일수록 그럴 기회가 적어 지능 차이가 생긴다는 것이 일반적인 설명이다.

더구나 동생들은 첫째에게 나쁜 영향을 받기도 한다. 동생들은 첫째들보다 술·담배·금지 약물을 더 이른 나이에 시작한다는 관찰들이 있다. 이는 첫째들 때문에 동생들이 쉽게 이런 것들에 노출되기 때문이라고 추측하고 있다. 이런 영향은 결국 심각한 결과로 이어지기도 한다. 런던 정경대학 연구팀이 1987년부터 1994년 사이에 태어난 스웨덴 남녀를 분석한 연구에 따르면, 스무 살도 되기 전에 알코올 중독이나 금지 약물 남용으로 입원할 위험성이 첫째보다 둘째가 40퍼센트 이상 높았고, 이런 차이는 스무 살이 넘어서도 그대로 유지되었다. 심지어는 동생들의 자살률이 첫째들보다 더 높다는 분석도 있다.

그렇다면 둘째가 첫째보다 나은 점은 없을까? 물론 있다.

무엇보다 둘째들은 첫째들보다 더 매력적이다. 출생 순서에 따른 성격 차이에 대한 연구가 꽤 있는데, 동생들이 쾌활하고 외향적이며 공감 능력도 뛰어나 친구들 사이에서 첫째들보다 더 인기 있다는 것이 거의 일관된 관찰이다.

새로운 경험에 열려 있으며, 정해진 규칙에 썩 구애받지 않는 것도 동생들의 특징이다. 사회 변혁을 이끈 사람들 중에도 형보다는 동생들이 많다는 분석도 있다. 부모의 관심과 투자를 듬뿍 받고 자라 책임감으로 무장하고, 규칙에 순응하며, 동생들에게 부모 역할을 하려 하는 첫째에게 밀린 동생들이 본능적으로 가족 밖에서 자신의 역할을 찾으려고 하기 때문에 사회성을 기르게 되었다는 설명이다.

조지 H. W. 부시 전 미국 대통령의 넷째인 닐 부시는 꽤 성공한 사업가다. 그런데도 "나는 형들과 비교되는 걸 참아내기 어려웠다"고 토로했던 그의 유일한 문제는 어쩌면 대통령을 지낸 큰 형, 주지사였던 작은 형을 둔 넷째로 태어났다는 사실일지도 모른다. 동생들이 첫째보다 공부를 조금 못할 수도 있고, 사고뭉치인 경우도 있지만, 무엇보다 매력적이지 않은가? 첫째와 다른 팔자를 타고난 둘째를 있는 그대로 이해해야 한다고 그동안의 연구들은 이야기한다.

자녀의 대학이나 회사를 정해주지 않는다

유대인 부모는 아이에게 어떤 대학에 가라거나 어떤 전공을 하라거나 어떤 직업인이 되라고 지시하는 경우가 거의 없다. 그들은 자신이 원하는 대로 아이를 키우지 않고 아이가 원하는 대로 키운다. 그들은 아이가 사회적으로 인정받는 직업에 종사하라고 강요하지도 않는다. 아이의 생각이 다소 엉뚱하더라도 자신이 원하는 일이라면 든든한 상담자와 조력자의 역할을 해준다. 그들은 단지 아이가 어려서부터 독립적인 생활을 할 수 있도록 교육할 뿐이다. 아이가 스스로 개성 있는 삶을 가꿔가는 것을 곁에서 도와주면서 자기가 진정 좋아하는 일을 하는 것이 행복하다는 것과 사람이 추구하는 행복은 제 각각 다르다는 걸 일깨워준다.

현명한 부모는 아이에게 최소한의 도움만 준다

우리는 아이 스스로 자신이 무엇을 좋아하는지, 의미 있는 일인지 탐색할 수 있는 기회를 주어야 한다. 부모라는 이름으로 아이들을 당장 행복하게 해줄 수는 없지만 아이를 불행하게 할 수는 있기 때문이다.

"타인의 삶을 사느라 시간을 낭비하지 마세요. 다른 이들의 시끄러운 의견을 듣느라 내면에서 들리는 목소리가 파묻히지 않게 하세요. 정말 중요한 건 가슴과 직관을 따르는 용기입니다. 가슴과 직관은 여러분이 진정 무엇이 되고 싶어 하는지 이미 알고 있기 때문입니다."

스티브 잡스 전 애플 최고경영자CEO가 2005년 스탠퍼드대학교 졸업식에서 했던 이 명연설은 많은 이의 가슴을 뜨겁게 했다. 리처드 셸 미국 펜실베이니아 경영대학원 와튼 스쿨 교수 역시 같은 의미에서 젊은 경영학도들에게 "사회가 만들어놓은 기준을 만족시키기 위해, 돈과 명성만을 위해 삶을 살지 마라"며 "내면의 목소리에 귀를 기울여 자기 인생을 사는 게 성공한 삶"이라고 강조한다.

셸 교수는 2005년부터 〈성공학: 윤리와 역사적 관점들 The Literature of Success:Ethical and Historical Perspective〉 강의를 해오고 있다. 학생들이 재무관리나 마케팅 등 공부를 하기 전 '내 인생과 행복이란 무엇인가', '성공적인 삶을 살기 위해선 어떻게 해야 하는가' 등 좀 더 근본적 질문을 던져보고 답을 찾아가도록 돕는 것이다.

아침 식사를 거르지 않는다

매일 아침밥상으로 두뇌를 깨워준다

아침식사를 뜻하는 영어단어 브렉퍼스트breakfast는 간밤의 단식fast을 깨뜨린다break라는 어원을 지녔다. 우리가 저녁식사 후 12시간 남짓 음식을 먹지 않은 상태로 아침을 맞으면 혈당 농도가 낮아져 연료를 필요로 한다. 수천억 개의 뇌 신경세포가 움직이려면 그만큼 많은 에너지를 필요로 한다. 아침을 거르면 연료 공급이 제대로 안 돼 뇌 신경세포가 정상적인 활동을 하기 어렵다.

유대인들은 아이들의 아침식사를 절대 거르는 법이 없다. 음식은 단순히 생존을 위한 먹을거리가 아니라 육체는 물론 정신까지도 지배한다. 음식과 지능은 서로 밀접한 관계가 있다. 아침을 먹지 않거나 허기진 상태로 공부하는 아이들은 제대로 집중할 수 없다. 유대인 엄마들이 자식교육과 함께 먹을거리에 큰 관심을 가지는 이유다.

아침식사를 거르면 체온이 떨어진다. 사람은 수면 중에 체온이 떨어지면서 뇌 활동이 둔해진다. 오전 중에 뇌 활동을 최고조로 끌어올리려면 수면 중에 떨어진 체온을 올려줘야 하는데 그 준비 작업이 바로 아침밥이다. 아침식사를 하지 않는 학생의 70퍼센트는 체온이 35도에 불과한 것으로 조사됐다.

아침식사를 하지 않으면 오전 내내 뇌의 시상하부 속 식욕중추가 흥분 상태로 있어 신체가 생리적으로 불안정해진다. 식욕중추의 흥분을 가라앉히려면 탄수화물을 섭취해 혈당을 높여야 한다. 에너지를 만들고 대사활동을 촉진하는 부신피질 호르몬(스테로이드)은 식사할 때마다 조금씩 나온다. 아침식사를 거르면 부신피질 호르몬이 분비되지 않아 신체의 리듬이 깨진다. 아침을 거르는 학생들은 패스트푸드, 탄산음료 등 정크 푸드junk food(쓰레기 음식) 중심의 불균형한 식생활을 하는 비율이 높다. 정크 푸드는 열량이 높고 영양소는 부족해

비만을 초래하고 학습의욕을 떨어뜨린다.

물론 아이들은 그때그때 기분에 따라 먹고 싶은 것이 다르다. 부모가 일일이 영양학적인 설명을 해준다 해도 이해하지 못한다. 그래도 부모는 아이 몸에 좋은 것을 챙겨서 많이 먹이도록 해야 한다. 그것이 부모의 책임을 다하는 최선의 방법이다. 만약 아이가 편식하는 것을 방치한다면 가족의 일체감을 깨뜨리는 계기가 될 수도 있다.

유대인들은 이런 가능성 때문에 아이들이 편식을 하지 못하게 한다. 아무리 말해도 아이가 말을 듣지 않을 때는 "오늘은 이 음식밖에 없어"라고 강하게 말한다. 아이들은 부모가 강하게 권유하면 대체로 부모의 말에 따르는 편이므로 아이의 편식 습관을 없애려면 참을성 있게 타이르는 자세가 필요하다.

부모의 노력으로 아이가 모든 음식을 잘 먹게 되면 몸뿐만 아니라 정신까지 건강해진다. 게다가 못 먹는 음식이 없으면 자신감까지 생긴다. 이것은 분명 아이에게 행복한 일이다. 유대인 아이들은 어릴 때부터 식탁예절을 배운다. 보통 대여섯 살이 되면 식탁에 음식을 차리거나 식사를 마친 다음에 설거지를 돕기도 한다. 부모를 도우며 아이는 참여의식을 기르게 되고 이러한 습관은 결혼 후에도 이어져 유대인 부부는 자연스럽게 집안일을 분담한다.

음식을 감사한 마음으로 먹게 한다

우리나라에서는 텔레비전을 보면서 식사를 하는 가정이 많다. 그러나 유대인들은 식사를 할 때 텔레비전을 절대로 켜놓지 않는다. 그들에게 있어 온 가족이 모여 식사를 하는 시간은 매우 신성한 의미를 지닌다. 유대인에게 식사는 종교적이고 신성한 의식 중 하나이기 때문이다.

아이가 지금 음식을 먹는 방식은 일단 몸에 배면 매우 고치기 힘든 습관이 된다. 그러므로 어릴 적 식습관은 반드시 바르게 들여야 한다. 성인이 되었을 때 식습관으로 고생하는 일 없이 건강한 삶을 누리게 해주려면 아이가 어릴 때 올바른 식습관을 들이게 하고 음식을 감사한 마음으로 먹게 해야 한다.

유대인이 수천 년 동안 코셔를 고집하는 것은 먹는 것 자체가 곧 공부라고 생각하기 때문이다. 그들은 코셔 음식을 먹으면서 정직과 배려와 진실을 몸소 배운다. 음식은 그 자체로 공부가 된다. 유대인은 부모들이 자녀에게 음식을 먹이면서 코셔의 기준과 그 이유를 분명하게 설명한다. 음식을 통하여

바른 가치관 교육을 하는 셈이다.

정결한 음식을 먹고 식탐을 절제하는 것은 공부의 효과와도 큰 연관이 있다. 아무리 좋은 것이라도 과식하면 소화기관을 힘들게 하고 집중력을 방해한다. 유대인의 격언에도 "어디서든지 먹어대는 아이는 아무리 총명해도 자기가 배운 내용을 잊게 될 것이다"라는 구절이 있을 정도다. 공부의 효과를 높이려면 좋은 음식을 적당히 먹는 것이 중요하다.

음식도 교육이다

우리는 공부와 삶을 분리하는 경향이 많다. 좋은 대학에 들어가거나 고시에 붙으면 인생이 열린다는 식으로 공부를 하니, 공부하다가 몸도 병들고 정신도 망가지는 예가 다반사다. 지금부터라도 공부는 머리만이 아닌 마음과 생각과 온몸이 함께 공부하는 것임을 잊지 말아야 한다. 특히 정결한 음식과 절제된 식습관은 몸을 건강하게 할 뿐 아니라 두뇌도 좋게 한다.

좋은 음식은 평생 건강한 삶을 이루는 기초가 된다. 음식에 대한 생각과 섭취 방법은 우리의 생각과 마음에도 그대로 영향을 미친다. 음식을 잘 구별하여 선한 생각을 하게 하는 좋은 음식을 먹고 음식에 감사한 마음을 갖는 생활습관이 필요하다. 음식에 대한 바른 이해를 아주 어릴 때부터 가르쳐야 하는 이유이기도 하다.

음식을 먹는 것은 매일의 삶이다. 어떤 음식을 어떻게 먹느냐는 우리가 어떻게 사느냐와 그대로 연결된다. 우리는 음식을 먹고 마시면서 그것을 통해 인생의 가치와 진리를 배우게 된다. 그런 훈련이 된 사람은 나중에 자연스럽게 사업이나 사람 관계에서 정직한 삶을 살게 된다. 이런 삶의 자세는 결국 모순되고 일탈된 삶을 방지하고 건강한 삶을 유지할 수 있게 해줄 것이다.

경제교육은 빠르면 빠를수록 좋다

유대인들은 갓난아기 때부터 경제교육을 시작한다. 물론 이때는 이론교육이다. 그러나 말을 배우고 숫자를 알게 되면, 이론이 아닌 실전을 가르친다. 유치원생이나 초등학생들에게 장사를 시키는 것이다. 유대인들은 다른 어느 민족보다 자신들만의 모임과 회합이 많은 편이다.

그런데 이런 장소에 가면 쿠키나 사탕 등을 파는 유대인 아이들을 쉽게 만날 수 있다. 이 아이들은 목청을 높여서 사람들에게 물건을 판다. 그리고 그 수익은 이스라엘 평화 기금이나 가난한 사람들을 위한 구제기금으로 낸다. 이뿐 아니다.

서구사회에서 보편적인 벼룩시장에 가보면 아이와 함께 물건을 파는 유대인 부모들을 쉽게 만날 수 있다. 부모들은 아이들에게 목 좋은 자리가 어디인지를 알려주며, 손님과 흥정하는 방법도 가르쳐준다.

한국인들은 장사하는 이들을 가리켜 '장사치', '장사꾼'이라고 낮춰 부른다. 어떤 경우 '장사꾼'은 '사기꾼'과 같은 의미로 사용된다. 이런 분위기는 돈에 대한 부정적 인식과 상관있다. 유교의 영향이 아닐까 싶다. 일찍이 공자께서는 "군자유어의 소인유어리君子喩於義 小人喩於利(공자는 의에 밝고, 소인은 이에 밝다)"라고 말씀하셨다. 그래서일까? 우리 어른들은 아이들에게 돈을 알려주지 않았다. 그리고 돈을 만지는 사람을 낮게 보았다.

그래서인지 한국 20대의 금융지능은 '낙제' 수준이다. 한국은행과 금융감독원이 지난해 발표한 '전 국민 금융이해력 조사' 결과에 따르면 29세 이하의 금융이해력 점수는 62점으로 전 연령대 평균(66.2점)은 물론 경제협력개발기구OECD가 정한 최소 목표점수(66.7점)에도 못 미쳤다.

유대인의 경제력은 가정교육의 결과다

유대인은 겨우 수십 년 만에 세계 최고 부호들 사이에 이름을 올렸다. 세계 금융계에 내로라하는 실력자들 중에는 유대인이 굉장히 많다. 수많은 거대 금융회사의 CEO 및 앨런 그린스펀 전 미국 연방 준비제도 이사회 의장, 헤지 펀드의 대부 조지 소로스, 투자의 신 워런 버핏 등은 모두 유대인의 후손이다.

이러한 유대인의 재테크 감각은 타고난 것이 아니라 어려서부터 착실하게 받아온 교육의 성과물이다. 많은 사람들이 부유한 유대인의 후손은 어려서부터 부족함 없는 생활을 할 것이라고 오해한다. 그러나 사람들의 입에 오르내리는 유대인 부호들은 후손들에게 더욱 검소하고 절제된 생활을 하게 했다. 세계적인 부호 록펠러도 어릴 때부터 아버지의 고용인으로 일하며 용돈을 직접 벌어 썼다. 농사일을 거들거나 우유를 짠 다음 날마다 그 내용을 장부에 기록해 아버지에게 일한 만큼 돈을 받았다. 그는 매우 진지하게 자신의 노동을 기록했고 이런 과정을 즐겼을 뿐만 아니라 신성하게 생각했다.

더 흥미로운 점은 록펠러의 2대, 3대는 물론 4대까지 같은 방식으로 용돈을 벌어서 썼다는 사실이다. 록펠러 2세는 다섯 자녀를 두었는데 세계 최고의 부자라는 별칭이 무색할 정도로 자녀들에게 용돈을 적게 줬다. 특히 그는 자녀의 나이에 따라 용돈을 차등 지급했다. 7~8세는 일주일에 30센트, 11~12세는 일주일에 1달러, 12세가 넘으면 일주일에 2달러를 줬다. 하지만 이걸로 끝은 아니었다. 아이들이 집안일을 거들면 그에 맞는 보수를 줘 용돈에 보태도록 했다. 파리 100마리를 잡으면 10센트, 쥐 한 마리 5센트, 농작물을 나르거나 장작을 쌓거나 잡초를 뽑으면 그에 적당한 보수를 지급했다. 이후 록펠러는 손자인 존의 용돈과 관련해 다음과 같은 규칙을 정하기도 했다.

1. 매주 1달러 50센트의 용돈을 준다.
2. 주말마다 장부에 기록한 내용을 확인해 그 내용이 만족스러우면 그 다음주에 10센트를 더 준다.
3. 용돈의 최소 20퍼센트는 저축한다.
4. 모든 지출내역은 정확하고 자세하게 기록한다.
5. 부모의 허락 없이 비싼 물건을 함부로 사지 않는다.

이스라엘의 잡지 『가정교육』에서 집안일을 잘 도운 아이와 그렇지 않은 아이가 성인이 된 후에 어떤 차이를 보이는지 조사한 적이 있다. 그 결과 집안일을 잘 도우며 자란 아이의 실업률은 그렇지 않은 아이의 15분의 1, 범죄율은 10분의 1에 불과한 반면 평균수입은 20퍼센트나 높았다. 어려서부터 노동의 가치를 깨달은 아이는 실생활에서 끊임없이 자신을 단련하며 삶의 방향을 찾아나가기 때문에 훗날 큰 인재로 자랄 가능성이 크다.

이런 사실을 잘 아는 유대인 부모는 아이의 생활력을 길러주기 위해 집안일을 최대한 활용한다. 그래서 침대 정리, 쓰레기통 비우기, 방청소 등 여러 가지 집안일에 아이를 적극적으로 참여시킨다. 아이는 충분히 그럴 능력이 있으며 가족 구성원으로서 집안일을 함께할 의무가 있다고 생각하기 때문이다. 아울러 아이가 집안일을 하면서 느끼는 책임감과 의무감 덕분에 가족 간의 정이 더 돈독해진다고 생각한다.

이에 반해 한국에선 '건물주'를 꿈꾸는 청소년이 유독 많다. 초등학생도 장래희망을 묻는 질문에 '건물주'라고 답할 정도다. 시장 전문가들은 이런 현실이 정상적인 재테크를 가로막고 있다고 지적한다. 돈을 모으는 과정은 생략한 채 '큰돈'을 벌겠다는 환상만 심어주기 때문이다. 청소년들은 정작 건물을 살 정도의 자산을 모으는 방법에는 관심이 없다. 한번에 큰돈을 벌어 상가나 건물을 사고 월세를 받으며 살고 싶다는 막연한 생각뿐이다. 이런 풍토에서 자란 아이들이 아무 준비 없이 사회에 첫발을 내딛게 된다. 한국 사람들의 '재테크 빈부격차'를 더 키우는 요인이다.

금융문맹은 대물림된다

한국 청소년들은 학교에서 금융 교육을 받지 못한다. 금융 과목이 따로 없다. 아동·청소년기를 올바른 금융 지식과 태도가 형성되는 '골든타임'으로 보는 선진국과 비교된다. 영국은 11~16세 학생들에게 경제 및 금융 교육을 의무적으로 받도록 한다. 학생들은 금융 상품과 서비스의 종류, 소득과 지출, 조세와 재정, 신용과 부채, 금융위험 등을 배운다. 미국 17개 주는 금융 과목을 고등학교 필수과목으로 정하고 있다.

재테크에 대한 편견과 오해는 가정에서 심화된다. 존 리 메리츠 자산운용 사장은 "한국에선 부모가 자녀의 금융 지능을 키워주기는커녕 갉아먹는 행위가 만연해 있다"며 "아이들이 막연히 건물주를 동경하는 건 금융 투자의 효과를 제대로 본 적도, 들어본 적도 없기 때문"이라고 지적했다. 그는 "부모에게서 '옆집은 주식하다 망했다더라', '위험한 건 손대지 마라'와 같은 이야기를 듣고 자란 아이가 투자를 제대로 할 수 있겠느냐"며 "금융문맹은 대물림되는 것이기에 부모부터 바꾸어야 한다"고 덧붙였다.

다중 언어 환경에 노출시킨다

고대부터 자기 언어를 가진 유대인

한 민족이 자기 고유의 말과 글을 갖고 있다는 것은 대단한 축복이다. 글에는 민족의 혼이 있기 때문이다. 글은 민족의 경험과 유산 그리고 조상들의 지혜를 후손들에게 전해줄 수 있는 중요한 도구이다. 유대인들은 고대로부터 히브리어라는 자기들의 언어를 갖고 있었다. 히브리어는 기원전 2000년대 중엽에 생겨난 언어로 구약도 히브리어로 쓰였다.

기원전 13세기 무렵에 쓰인 성서 히브리어도 존재한다.

히브리어는 기원전 6세기에 바빌론에 끌려가서도 쓴 언어이다. 유대교가 책으로 전수되는 종교인만큼 유대인들은 그들의 종교를 지키기 위해 계속해서 문자를 사용했다. 유대인의 5,000년 역사가 현재에도 살아 숨쉴 수 있는 기반이 바로 자신들의 글이었다.

로마시대 2차 이산離散으로 뿔뿔이 흩어지자 유대 현인들은 유대교가 지역에 따라 변질되는 것을 막기 위해 예배의식을 표준화했다. 그리고 그들 고유의 언어가 훼손될까 우려하여 히브리어 사전과 문법을 기록했다. 덕분에 지금도 현대 히브리어를 읽을 줄 알면 고대 히브리어 독해가 가능하다.

1446년 세종대왕이 반포한 훈민정음에서도 알 수 있듯이 민족 고유의 글을 갖는다는 것은 대단한 의미가 있다. 히브리어는 신과의 계약은 물론 그들의 역사를 기록하여 후손들에게 전하고 알려준다. 언어야말로 신앙심과 지혜를 계승·발전시키는 가장 강력한 도구다. 특히 세계 각지에 뿔뿔이 흩어져 있는 유대 커뮤니티의 동질성을 유지하고 보존할 수 있는 중심 매개체 역할을 했다. 19세기 말에는 히브리어가 일상어로 부활했다. 현재 이스라엘은 히브리어를 공용어로 쓰면서 세계 각국에서 온 유대인 귀환민들에게 히브리어를 가르치고 있다.

유대인의 문화적 배경을 만드는 힘은 히브리어다

주한 이스라엘 대사관에서 일했던 유대인 가정의 부모는 한 언론사 인터뷰에서 자녀들에게 인터넷을 통해 유대민족의 고유 언어인 히브리어를 배우게 하는 이유를 자세히 설명했다.

> "저는 제 아이들이 히브리어를 배우는 것을 매우 가치 있게 생각합니다. 저희가 가진 것처럼 공통의 배경을 가지는 게 중요하죠.…… 그래서 아이들에게 온라인으로 하는 히브리어 수업에 참여하고 있고 아이들에게 히브리어로 된 책을 들려주고 히브리어로 된 노래도 들려줍니다. 요즘에는 영어를 더 많이 사용하는 것이 사실이지만 이스라엘에서 다시 살게 될 수도 있고 무엇보다 이스라엘 가족으로서 모두가 공통 배경을 가지기를 바랍니다.…… 히브리어는 또한 저희의 일부분이기도 합니다. 저희의 전통, 관습, 종교의 일부이자 가족과 이스라엘과의 연결점입니다."

'이중 언어 교육'으로 외국어 능력을 키워준다

『유대인의 자녀교육법』이라는 책을 쓴 유대인 루스 실로 여

사는 히브리어, 영어, 헝가리어, 프랑스어, 이디시어Yiddish language(중부 및 동부유럽 출신 유대인이 사용하는 독일어와 히브리어 등의 혼성어)를 할 줄 안다. 현재 이스라엘에서 잡화상을 하는 그녀의 아버지는 히브리어, 아랍어, 영어 외에 아르메니아어도 할 줄 안다.

그녀의 남편도 이디시어를 알기 때문에, 부부는 아이들이 들어서 곤란한 말을 주고받을 때는 이디시어를 썼다. 이중 언어 교육 덕택으로 여러 언어를 구사하는 유대인들은 이처럼 부부가 싸우거나 자녀가 들어서 좋지 않은 말을 할 때는 자녀가 모르는 외국어를 사용하는 경우가 흔하다.

유대인은 보통 두 개 이상의 언어를 자유롭게 구사한다. 대학교육을 받은 유대인이라면 서너 개 언어를 구사한다. 유대인이 외국어를 잘하는 비결은 뭘까? 우선 수천 년간 세계 각지를 떠돌며 이산 생활을 지속해온 그들의 문화적 전통을 꼽을 수 있다. 고대 로마 시대부터 유대인들이 많이 거주했던 유럽은 수십 개 나라가 서로 밀집해 있어 자동차로 몇 시간만 가면 쉽게 국경을 넘나든다. 외국어를 익히기에는 천혜의 지리적 조건을 갖춘 셈이다.

물론 각 나라에 흩어져 있는 친척들이 자주 드나들다 보니 여러 나라의 언어를 자연스럽게 접하며 외국어 학습을 하는 효과도 있었다. 이런 전통은 지금도 세계 각지에서 생활하는 유대인에게 면면히 이어져오고 있다. 외국어를 효과적으로 배울 수 있는 방법은 무엇일까? 언어의 기본은 단어다. 미국에서 이뤄진 연구 결과에 따르면 6,001개 상용단어만 알면 하나의 언어를 구사할 수 있다고 한다. 하루 20개의 단어만 공부하면 한 달 안에 그 나라 신문을 읽을 능력이 생기는 셈이다.

유대인들은 단어 교육을 중시한다. 매일 단어를 익히는 습관을 들이고 일단 암기한 후에는 생활 속에서 그 단어를 직접 사용하는 훈련을 시킨다. 여러 가지 외국어를 익히기 위해서는 되도록이면 여러 방법으로 한 번 배운 단어는 완벽하게 기억되도록 노력한다. 그리고 책을 많이 읽게 한다. 유대인들은 자녀에게 매일 외국어 책을 읽어준다. 이는 서구의 일반적인 외국어 교육법이기도 하다.

심리학의 아버지로 불리는 프로이트도 라틴어, 프랑스어, 독일어를 불편 없이 자유롭게 썼다고 한다. 이처럼 유대인들은 어려서부터 몇 개 나라말을 씀으로써 모국어, 즉 한 가지 언어만 사용하는 사람들에 비해 언어능력이 훨씬 뛰어났다. 말할 것도 없이 몇 개 언어를 구사하는 유대인들의 지식과 정보 경쟁력, 그리고 다양한 외국어를 닦으면서 체득한 상상력과 창의력이 월등했다. 유대인들의 창의성과 글로벌 마인드와 도전정신의 고취는 바로 그들에게 세계적인 경쟁력을 갖추도록 하는 원동력이 된 것이다.

유대인들은 이러한 특별한 교육체계를 통해 일찍이 인생과 사업의 지혜를 바탕으로 한 경영기법을 통해 세계를 움직였다. 지혜라는 것은 지식을 기초로 한다. 지식의 범주가 넓으면 넓을수록 지혜의 폭은 더욱더 깊어지게 되어 있다. 여러 개의 언어를 구사하면서 그들은 수많은 정보를 접할 수 있었다. 어떻게 보면 거기에서 창의적이며 독창적인 지혜를 얻어낸 것이다.

유대인들은 인간에게 가장 중요한 것은 '지성'이라고 믿는다. 그래서 유대인 사회에서는 왕보다도 학자를 더 훌륭하게 여긴다. 이것은 유대인들만이 갖는 자랑스러운 전통이다. 인간만이 지닌 언어능력은 자신의 역량을 발휘하는 힘이 된다. 그렇기에 언어구사력은 지적 수준, 네트워킹, 정신적 가치를 키울 수 있는 바탕이 된다. 글로벌이 화두인 4차 산업혁명 시대, 세계 공통어인 영어를 갈고닦는 것은 기본일 것이다. 더 나아가 자기가 속한 분야의 전략어를 통해 국제 경쟁력을 확보하는 것이야말로 세계를 지배하는 유대인들에게서 얻을 수 있는 교훈이다.

3
장

창의성 교육

자녀를 가르치기 전에 눈에 감긴 수건부터 풀어라

“너는 어떻게 생각하니?”

“조용히 해”와 마따호세프

우리나라 학교에서 학생들이 가장 많이 듣는 말은 아마 “조용히 해!”라는 말일 것이다. “조용히 해!”의 다른 말은 “시끄러워!”, “떠들지 마!”이다. 우리나라 학생들은 입을 닫게 하는 이 3종 세트의 말을 가장 많이 듣는다. 심지어 떠든 사람이라고 칠판에 적어놓기까지 한다.

반면 유대인 학교나 가정에서 교사나 부모가 가장 많이 쓰는 말은 “마따호세프?”이다. 이 말은 “네 생각은 무엇이니?”

또는 "너의 생각은 어떠니?"이다. 유대인의 수업은 그야말로 "마따호세프?"로 시작해서 "마따호세프?"로 끝난다. 상대방의 의견이나 생각을 묻는 것은 그 사람을 가장 존중하는 태도다. 아이에게 이렇게 말하면 아이는 자신이 존중받는다고 느낀다. 부하에게 상사가 부하의 의견을 물으면 부하는 자신이 존중받고 있다고 생각한다. 교사가 학생에게 네 생각이 어떤지 물으면 학생은 자신이 인정받고 있다고 고마워한다.

사람은 누구나 내 속에 있는 말을 하고 싶어 한다. 사람은 자신을 알아주는 사람에게 목숨을 건다. 자신을 알아준다는 것은 자신의 마음, 자신의 생각을 알아준다는 것이기 때문이다.

『정의란 무엇인가?』로 유명한 마이클 샌델 교수가 수천 명을 상대로 강의할 때도 가장 많이 던지는 질문이 "당신의 생각은 어떠신가요?"이다. 아이비리그 대학에서 교수가 강의할 때 가장 많이 던지는 말 역시 "자네 생각은 어떤가?"이다. 세종대왕이 가장 많이 한 말 역시 "경의 생각은 어떠시오?"라는 말이었다. 이런 말들은 모두 "마따호세프"에 해당한다.

유대인들이 있는 곳은 어디든 시끄럽다. 우리나라 학교 교실은 조용하지만 유대인 학교는 시끄럽고 질문이 많다. 학생들은 선생님의 가르침을 당연한 것으로 받아들이는 것이 아니라 끊임없이 질문한다. 그들은 수업시간 중에 생긴 의문은 바로바로 질문을 통해 해결해야 한다고 믿는다. 뒤로 미루면 의문을 해결하는데 시간이 걸리게 되고 질문도 잊어버릴 가능성이 높아지기 때문이다.

예로부터 우리는 예의범절을 매우 중시 여겨 어른이 말씀하실 때 끼어들어서는 안 된다는 교육을 받아왔다. 어른들의 말에 참견하거나 끼어들어 말하면 버릇없는 아이로 치부한다. 그렇기에 우리 문화에서는 아이들이 자기의 목소리를 낸다는 것이 쉬운 일이 아니다. 그러나 유대인들은 아이의 호기심 어린 질문을 중시하고 다소 엉뚱한 질문일수록 더욱 반긴다. 애매하거나 모르는 것을 그냥 지나치는 법이 없다. 섣불리 확신하거나 이해하기보다는 질문을 먼저 하라고 배웠기 때문이다.

아이들은 종종 상상력을 뛰어넘는 질문을 한다. 대답하기 난처한 질문을 하거나 쉽게 답이 떠오르지 않는 질문을 받게 되면 우리는 "그런 질문은 하는 게 아니야"라며 얼버무리고 아이의 말문을 닫게 한다. 그러나 "유대인들은 너는 어떻게 생각하니?"라며 질문으로 대답한다. 유대인들에게는 애초부터 좋은 질문, 쓸데없는 질문, 나쁜 질문이란 존재하지 않기 때문이다.

수렴적 질문과 확산적 질문

정답이 여러 개이거나 때론 정답이 없는 질문을 하는 것이 아이의 상상력 발달에 도움이 된다. 교육학에서 정답이 하나뿐인 질문을 수렴적 질문, 정답이 없는 주관적인 질문을 확산적 질문으로 정의한다. 수렴적 질문은 과거의 경험이나 단편적인 지식을 묻는 반면 확산적 질문은 미래의 가능성을 묻는다. 아이들에게는 수렴적 질문 대신 확산적 질문을 많이 해야 한다.

수렴적 질문

선생님 말씀 잘 들었니? 〈예, 아니오〉

지각하지 않았니? 〈예, 아니오〉

새로운 짝꿍이 맘에 들어? 〈예, 아니오〉

숙제했니? 〈예, 아니오〉

확산적 질문

사이다와 콜라를 섞으면 어떤 맛이 날까? 우리 한번 해볼까?

닭은 어떻게 시간을 알고 날이 새는 것을 알려줄까?

결혼하는 신부는 왜 하얀 드레스를 입을까?

뛰어난 토론 실력을 발휘하여 미국의 대통령에 당선된 존 F. 케네디 대통령이 있다. 그의 뒤에는 "마따호세프?"를 실천한 어머니 로즈 여사가 있었다. 케네디 대통령의 어머니 로즈 여사는 "세계의 운명은 자기의 생각을 남에게 전할 수 있는 사람들에 의해 결정된다"라며 자녀들이 어릴 때부터 토론교육을 시켰다고 한다.

어머니 로즈 여사는 신문기사를 눈에 띄기 쉬운 곳에 붙여놓고 아침 식탁의 토론 자료로 삼아 "너는 어떻게 생각하니?"를 수없이 아들에게 질문했다고 한다. 『뉴욕 타임즈』를 읽지 않으면 아버지의 날카로운 질문을 감당하지 못해 식탁에 안지 못했다고 케네디는 회고했다. 이러한 훈련으로 케네디는 대선 토론에서 남들의 예상을 깨고 닉슨을 압도할 수 있었다.

유대격언에 보면 "좋은 질문이 좋은 답보다 낫다"는 말이 있다. 공부를 설명으로 시작하면 흥미가 떨어질 수밖에 없다. 마음의 동기를 일으키는 것도 기대할 수 없다. 뇌 과학자들의 연구에 따르면 설명은 지루한 잔소리와 같아 우리의 뇌를 잠자게 만든다고 한다. 일방적인 설명이나 이론 소개는 뇌에 자극을 주지 못한다는 뜻이다.

반면에 신기하게도 질문을 하면 잠자던 뇌가 깨어난다. 질문이 던져지면 누구나 질문자에게 관심을 갖고 집중하게 된다. 사실 공부를 할 때 질문만큼 좋은 동기부여 방법은 없다. 자녀와 대화할 때 궁금한 것은 무엇이든 물어보게 하고 자녀의 질문에 친절히 답해주거나 꼬리를 무는 질문을 던져 궁금증을 유발하게 하는 것이 좋다.

특히 활동이 많은 아이들에게 있어 40~50분간 꼼짝 않고 자리에 앉아 일방적으로 듣기만 강요당하는 학교 수업 환경에서 온전히 버틸 수 있는 아이가 과연 몇이나 될까? 최소 12년 동안 일방적인 듣기를 통한 지식 수용의 훈련만을 받아온 아이들은 스스로 생각하고 판단하는 능력을 상실한 채 성인이 된다.

그 부작용의 대표적인 예로 결정 장애를 들 수 있다. 빅데이터 분석 전문가 송길영 다음소프트Daumsoft 부사장은 요즘 너무 많은 청년이 결정 장애를 가지고 있다고 비판한다. 인터넷 지식 Q&A에 올라오는 수많은 질문 내용을 분석해보면 수많은 청년이 자신의 이러이러한 스펙으로 어느 정도의 기업에 지원할 수 있는지부터, 자신의 취미 생활로 무엇을 하면 좋은지, 하다못해 점심 메뉴로 뭘 선택하면 좋을지 같은 질문들조차 서슴지 않고 생면부지인 사람들에게 물어본다는 것이다.

자신의 기호가 무엇인지조차 생각하기 어려운 상황에 직면하게 된 것이다. 어쩌면 결정 장애에 앞서 메뉴 선택에 대한 생각조차 귀찮은 것일 수도 있다. 이처럼 생각하는 것 자체가 귀찮고, 스스로 결정을 내리는 데 부담을 느끼는 현상은 늘 수동적으로 부모의 생각과 결정에 의존해서 살다 보니 일어난 부작용일 수도 있을 것이다.

"남보다 뛰어나게"가 아니라
아니라
"남과 다르게 하라"고 가르친다

유대인은 "남보다 뛰어나라"는 말보다는 "남과는 다르게 돼라"고 가르친다. 아이의 개성을 최대한 존중하고 그것을 더욱 빛나게 하는 것이 중요하다고 생각한다. 그렇다면 개성이란 무엇인가? 남들과 다른 나만의 모습이 바로 개성이다. 이 개성 존중의 교육방법이 유대인 교육의 가장 중요한 특징이다.

유대인 가정에서는 남보다 잘하라고 남을 앞지르라고 아이를 달달 볶지 않는다. 아이가 진학하는 대학이 일류이든 삼류이든 별로 신경 쓰지 않는다. 저마다 타고난 재능이 다르므로 길게 내다보고 내 아이가 성장하는 과정을 유심히 지켜본다. 유대인 부모는 자기 아이가 고정적인 규범의 틀에 갇혀 다른 아이들과 똑같은 놀이를 하고 똑같은 공부를 하고 똑같은 행동을 하길 바라지 않는다,

뭔가 남다른 개성을 가지고 자라는 편이 아이에게 훨씬 낫다고 생각하기 때문이다. 경쟁에서 우열을 다투면 승자는 결국 소수에 불과하다. 하지만 각자의 특성을 존중하고 개성을 살리면 모두가 승자이다. 또 유대인에게 누가 먼저 아이디어를 떠올렸느냐는 중요하지 않다. 누가 그 아이디어를 활용하여 결실을 맺었느냐가 훨씬 중요하다. 새로운 아이디어를 생각해내는 것도 중요하지만 그 아이디어를 실질적으로 실행하여 구체적인 형태의 성과로 이끌어내는 것이 더욱 중요하다. 상대성 원리를 발견한 아인슈타인은 이렇게 말했다.

"나는 천재가 아니다. 다만 호기심이 많았을 뿐이다."

소아마비 백신을 발견한 에드워드 솔크도 말했다. "나는 수천 번의 실험을 거쳐 백신을 발견했다. 나는 어머니가 날마다 새로운 요리를 만들어주는 것을 보고 자랐기 때문에 왕성한 실험정신을 갖게 됐다"라고 말이다.

아이의 질문이 엉뚱할수록 반겨라

우리는 아이에게 창의성을 좀 발휘해보라고 조급하게 강요만 한다. 안타깝게도 창의성은 강요당하는 순간 움츠러들 뿐더러 우리가 이미 정의해놓고 아이에게 요구하는 창의성은 더 이상 창의성과는 거리가 멀지도 모른다. 창의적인 질문을 하는 아이로 키우기 위해서는 오히려 창의적인 질문이라는 틀에서 벗어나야 한다.

아이의 질문에 점수를 매기지 말고 무슨 질문이든 서슴없이 던질 수 있는 분위기를 만들어줘야 아이 자신만의 생각과 호기심이 슬그머니 고개를 내민다. 아이의 이야기가 터무니없이 삼천포로 빠져도 얼마든지 용인해주고 귀 기울여 아이와의 대화를 계속 이어나가는 인내심이 절대적으로 필요하다.

'베스트'보다는 '유니크' …… 유대인 교육의 힘

오늘날 지구촌에서는 하루에도 수천 번씩 유대인의 이름이 불리고 있다. 페리에 생수와 배스킨라빈스 아이스크림, 에스티로더 화장품과 비달사순 샴푸, 그리고 리바이스 청바지, 샘소

나이트 가방 등등. 이 모든 브랜드가 사실은 유대인들이 자신의 이름을 따서 만들었다는 것을 아는 사람은 그리 많지 않다.

우리가 아는 유대인은 대개 이스라엘과 『탈무드』를 통해서였다. 『탈무드』 속 유대인의 지혜와 처세 속에서 우리는 많은 교훈을 얻었다. 유대인의 창의성은 독서, 질문과 토론, 융합과 통섭, 수평문화를 바탕으로 하는 교육문화에서 비롯하고 있고 이 모든 건 가정교육에서부터 시작된다.

유대인 부모들은 자식들이 최고가 되는 것을 바라지 않는다. 그저 하느님이 개개인에게 남과 다른 독특한 '달란트'talent를 줬다고 믿는다. '베스트'는 단 한 명뿐이지만 '유니크'는 모든 사람이 될 수 있다는 신념이 근거다.

한국은 자녀를 일등으로 키우고 싶어 해서 판·검사, 의사 등 특정 직업군에 관심이 쏠리지만 유대인은 아이의 재능과 특성을 살려서 금융, IT, 학술, 의료, 외식산업 등 모든 분야에서 제몫을 하도록 키운다.

또 한국도 자기주도형 학습이 유행하지만, 교육과정을 정해주는 것은 유대인 방식과 다르다. 상당수 유대인이 다니는 초·중·고등학교는 기본 교과과정 이외에 학생이 스스로 시간표를 짜고 저학년 때는 좋아하는 과목 중심으로, 고학년 때는 모자란 과목을 중심으로 학습한다.

또 나만 잘되는 것이 아니라 우리가 잘돼야 한다는 생각과 상대방을 경쟁자가 아닌 협력자로 끌어안는 법을 꾸준히 가르친다. 유대인 사회는 소위 성공한 사람을 중심으로 수익을 기부하고 다음 세대를 위해 쓰는 데 익숙한 것이다.

창의성을 사업으로 연계한 사람이 있다. 청바지 브랜드 '리바이스'를 만든 리바이 스트라우스는 1873년 5월 20일에 청바지 특허를 받아내어 떼돈을 벌었다. 1830년대 미국 샌프란시스코에서 금광이 발견되어 많은 사람들이 금을 찾아 모여들었다. 금광 주변은 천막촌이 되었는데 정작 금을 찾아낸 사람들은 많지 않았다. 사람들이 모여 들자 마을이 생기고 장사하는 사람들이 나타났다. 의식주 문제를 해결해주는 사업이 특히 인기를 끌었다.

독일계 유대인 리바이 스트라우스는 광부들의 바지가 쉽게 해어진다는 데에 착안하여 질긴 바지를 만들었다. 흔하디 흔한 천막용 천을 이용한 것이다. 돈을 벌기 위해 전국에서 광부들이 모였지만, 정작 돈을 번 사람은 광부의 바지를 만든 사람이라는 사실에서 우리는 무엇을 배울 수 있을까?

창의적 사고 전문가들은 문제를 풀기 위해 측면사고를 사용해보라고 권한다. 명백해 보이는 답 대신 간접적이고 창의적인 접근으로 문제를 풀어보라는 것이다. 이 방식은 전통적으로 사용되던 논리적 사고와 사뭇 달라 우리에게 놀라움을 선사한다.

측면사고의 전도사 에드워드 드보노는 측면사고의 사례로 솔로몬의 판결을 이야기한다. 아기의 어머니라고 주장하는 두 여인 사이에서 고민하던 솔로몬은 뜻밖에도 아기를 칼로 잘라 두 사람에게 나누어주라는 판결을 한다. 논리적 사고에서 보면 이건 절대 답이 될 수 없다. 전통적 문제해결법이라면 첫째 아기의 외모가 누구와 닮았는지 확인하고, 둘째 질문을 통해 두 여인 중 아기의 특성을 정확하게 알고 있는 사람이 누구인지 찾아낼 것이다.

하지만 솔로몬은 다르게 문제를 풀었다. 아기의 안전이 위협받을 때 누가 더 적극적으로 아기를 보호하며 또 개인적 희생도 불사할 것인지 살펴보고 친모를 찾아냈다. 어떻게 하면 우리도 솔로몬의 지혜를 가질 수 있을까? 드보노에 따르면 측면사고는 문제 상황에서 자신을 떼어서 거리감을 갖는 것으로 시작한다. 문제에서 한 발짝 물러나면 우리가 문제에 매몰되어 있을 때에는 보지 못했던 가능성을 발견하게 된다. 장기판을 옆에서 보던 훈수꾼이 수를 잘 보는 것도 이 때문인 것이다.

유대인은 구구단을 외우지 않는다

유대의 속담에는 '100명의 유대인이 있다면 100개의 의견이 있다'는 말이 있다. 이 말은 모든 인간은 저마다 개성이 있는 존재라는 것을 뜻한다. 모든 아이에게 저마다의 개성과 소질이 있다. 아이들을 일률적인 잣대로 평가하지 말고 각자 타고난 개성에 따라 긴 안목으로 지켜봐야 한다. 다른 사람과 뭔가 다른 호기심, 상상력을 통해 성장하는 것이야말로 아이의 장래를 위해 복된 일이다. 또 저마다 남과 다른 능력을 지니고 있다면 모든 인간은 서로의 능력을 인정하고 존중하며 함께 살아갈 수 있다.

이것이 바로 유대인 부모들이 기본적으로 가지고 있는 교육에 대한 생각이다. 그들은 아이들의 배움과 성장을 돕는 데 있어서 아이들 각자에게 맞는 양육법에 관심을 기울인다. 『탈무드』는 그런 의미에서 "자녀를 가르치기 전에 눈에 감긴 수건부터 풀어라"라고 말한다.

구구단을 외우지 않는 유대인

우리는 학창시절 구구단을 외울 때 합창을 해서 완전히 입에 외웠다. 앞으로 외우고 뒤로 외우고 그랬다. 못 외우면 집에 안 보내기도 했다. 그 덕분에 우리는 문제가 나오면 0.1초도 안 돼서 정답이 탁 나온다. 빠른 게 좋지만 정답을 찾는 과정에서 사고가 없으니까 생각이 없다. 생각할 수가 없다. 그래서 유대인들은 구구단을 안 외운다. 유대인은 구구단이 나오는 원리를 다년간 반복해서 교육한다.

예를 들어 9센티와 6센티 넓이를 구하는 문제가 나왔다면 우리나라는 '육구오십사라'는 구구단을 이용해서 바로 답을 구한다. 유대인은 바둑알을 아홉 개를 놓고 여섯 줄을 놓은 다음 일일이 세기도 하고 자를 가지고 9센티 하고 6센티

한 다음에 칼로 다 나누고 다 일일이 세기도 한다. 그래서 각자 풀어내게 한다.

푸는 방법이 각자 다르다. 방법을 아이 스스로 찾아내게 하는 게 일상화되어 있다. 여기서 더 중요한 건 앞에 나와서 발표를 시킨다. 그러면 다른 학생은 앉아서 다른 방법을 생각해낸다. 예를 들어 학생이 20명이면 9센티, 6센티 넓이를 구하는 방법은, 자신은 하나를 발견했지만 발표를 통해서 다른 사람의 생각까지 20개를 공유하는 것이다. 그래서 유대인들이 창의성과 개성을 갖춘 다양한 해답이 나올 수 있는 것이다.

자녀를 가르치기 전에 눈에 감긴 수건부터 풀어라

아이의 개성을 인정하지 않고 존중하지 않는 부모는 남들이 교육하는 것은 모두 따라 해야 불안감을 떨쳐낼 수 있다고 생각한다. 그래서 월요일부터 토요일까지 학습 시간표를 빽빽하게 짠 다음에 이 학원 저 학원으로 끌고 다니면서 아이의 학습을 통제한다. 이런 식으로 부모가 내 아이가 뭘 잘해야 한다는 중압감에 시달리면 아이의 경쟁심을 계속해서 부추기게 되고 결국 아이는 다른 사람보다 앞서야만 부모에게 인정받을 수 있다고 생각하게 된다.

반면에 지혜로운 부모는 아이들을 경쟁적인 환경으로 몰아넣지 않는다. 그들은 아이를 키울 때 아이의 개성을 인정하는 마음을 가지고 있다. 그래서 자신의 아이를 다른 아이들과 비교하지 않으며 내 아이가 다른 아이들보다 뒤처진다는 시각으로 보지도 않는다.

캘빈 클라인의 예를 들어보자. 클라인은 재봉사였던 할머니 밑에서 어렸을 때부터 인형 옷을 만들며 놀았다. 종이에 옷을 디자인하고 어머니를 스케치하는 것을 좋아했다. 보통의 또래 남자아이들과 다른 꿈을 가지고 있었다. 고등학생이 되어서도 클라인은 여성 옷을 만드는 것을 좋아했다.

클라인의 어머니는 아들이 좋아하는 일을 하도록 두말없이 디자인 학교에 입학시켜 디자인을 공부하도록 했다. 만일 클라인이 유대인 부모가 아니고 우리나라에서 태어났다면 어떻게 되었을까? 당시에 남자가 여자 옷을 만드는 일이 흔하지는 않았지만 좋아하는 일을 지지하고 그 일을 잘하도록 도와준 유대인 어머니가 오늘날의 클라인을 만들어낸 것이다.

근원을 찾으면 창의성을 발휘한다

창의력의 중요성을 알지만 막상 창의력을 얻기는 쉽지가 않다. 창의력을 얻으려면 창의력이 생기는 근원을 찾아야 한다. 본질에 집중할수록 창의력은 커진다. 또 창의력은 부분이 아닌 통합과 융합에서 이루어진다. 다양한 분화는 근본에서 멀어진 형태다. 창의력은 개별이 아닌 융합, 부분이 아닌 전체를 볼 때 생긴다. 이것은 세상이 처음 만들어진 근본의 상태로 돌아가는 것이다. 창의력 공부는 지금까지 한 공부에 대한 모든 것이 합쳐진 것이다.

창의력은 단번에 얻을 수 있는 것이 아니다. 공부의 과정들을 충실히 해냈을 때 얻어지는 것이다. 요행으로는 절대로 얻을 수 없다. 창의력은 오랜 시간을 통해 숙성된 열매다. '유대인의 재치'라는 뜻의 이디시 콥Yiddish Kop은 유대인의 타고난 직관, 민첩한 사고방식, 문제해결력을 일컫는 말이다.

숲속을 탐험하던 한 사냥꾼이 여러 나무에 걸려 있는 몇 개의 표적지를 발견했다. 사냥꾼은 모든 표적지의 한 가운데 화살이 꽂혀 있는 모습을 보고 경악했다. 그는 과연 이렇게 완벽한 궁술을 지닌 사람이 누군지 궁금해서 그 화살을 쏜 주인을 찾아 주변을 샅샅이 뒤졌다. 마침내 궁수를 발견한 사냥꾼은 그에게 물었다. "그리도 정확하게 겨냥할 수 있는 비결이 뭐죠? 어떻게 해야 당신처럼 화살을 잘 쏠 수 있을까요?", "아주 간단해요." 궁수는 이어서 말했다. "저는 먼저 화살을 쏘고 그다음에 표적지를 그리지요."

창의력은 복잡하게 생기는 것이 아니다. 아주 간단하다. 본질적인 문제에서 시작하면 쉽게 찾을 수 있다. 현대에 가까워질수록 천재들이 사라져간다. 우리가 알고 있는 대부분 위대한 천재들은 모두 르네상스Renaissance시대에 살았다. 르네상스는 중세와 근대 사이 서유럽에서 일어난 문화운동이다. 르네상스 운동은 고대의 그리스·로마문명을 부흥시킴으로써 새 문화를 창출해내려는 운동으로 그 범위는 사상·문학·미술·건축 등 다방면에 걸쳐서 일어났다.

르네상스 운동의 핵심은 아드 폰테스Ad Fontes이다. 이 슬로건은 '원천으로' 또는 '처음으로'라는 의미를 지니고 있다. 이때 다방면에서 많은 천재가 나타날 수 있었던 것은 근본적인 문제에 집중한 결과다. 종교개혁도 근본으로 돌아가는 운동에서 시작되었다. 당시 많은 천재가 근원의 책인 『성경』에서 영감을 얻어 예술과 문학을 만들어냈다.

에라스무스, 루터, 단테, 미켈란젤로, 라파엘로, 레오나르도 다빈치 등이 그렇다. 이외에 문학과 음악 등으로 창의력을 발휘한 렘브란트, 고흐, 바흐, 헨델, 셰익스피어, 디킨스, 톨스토이, 도스토옙스키 등 우리가 아는 유명한 천재들 역시 세상의 본질에 집중함으로써 위대한 창의적인 작품을 만들어냈다. 창의력은 새로운 것이 아닌 근본적인 것을 찾아가는 것이다. 창의력은 창조로 돌아갈 때 주어지는 하늘의 선물이다.

공부는 학교에서만 하는 것이 아니다. 책으로만 하는 것도 아니다. 우리의 모든 삶이 공부할 책이다. 주변에 있는 모든 사물이 공부하는 교재가 된다. 노벨상 수상자인 알렉산더 플레밍은 세계대전 중에 감염으로 사지를 절단하는 병사들과 세균으로 온몸이 썩어가는 병사들을 보면서 그것을 해결하는 방법을 찾기 시작했다. 그러던 어느 날 여름휴가를 마치고 다녀온 플레밍이 연구실을 둘러봤을 때 실수로 실온에 놓아둔 접시에서 곰팡이가 피어 있는 것을 발견했다. 그런데 접시를 자세히 관찰해보니 곰팡이가 핀 부분에는 박테리아가 번식하지 않았다는 사실을 알게 되었다.

그렇게 탄생한 것이 페니실린이었다. 정말 우연한 발견이었다. 페니실린은 1944년부터 전쟁터에 대량으로 투입되었고 그 결과 병사들은 더는 세균 감염을 두려워하지 않게 되었다. 그 업적을 인정받아 플레밍은 노벨 생리의학상을 받았다. 이처럼 역사에 빛나는 위대한 발견은 대부분 사소한 곳에서 비롯했다. 아르키메데스의 부력의 원리는 목욕 중에 발견했으며 뉴턴의 만유인력의 법칙도 나무 밑에서 휴식을 취하던 중에 발견했다. 양자학 이론을 찾아낸 슈테론 역시 우연히 자기가 내뱉은 담배연기에서 생각이 시작되었다.

사소한 것을 무시하지 않고 집중하여 관찰하면 그 안에서 진리를 찾을 수 있다. 우리의 시야를 넓히면 공부가 재미있어진다. 눈을 크게 뜨고 우리 주변을 돌아보자. 무한히 펼쳐진 대자연 가운데 신비로운 것들이 얼마나 많은가? 관찰하면 할수록 공부할 것이 많아진다. 사실 공부의 방법은 간단하다. 관찰한 것을 생각하고 생각한 것을 말하면 된다. 우리 아이들 공부의 시작도 호기심과 상상력을 겸비한 관찰이다. 얼마나 현재의 문제를 세밀하고 주의 깊게 해결하느냐가 무엇보다 중요하다.

세상은 모범생이 아니라 모험생이 바꾼다

티쿤 올람 사상에 따르면 세상은 있는 그대로가 아닌 바꾸고 고쳐서 완성해야 할 대상이다. 티쿤 올람이란 유대교 신앙의 기본 원리로 '세계를 고친다'는 뜻이다. 곧 하느님의 파트너로서 세상을 개선해 완전하게 만들어야 하는 인간의 책임을 뜻한다.

세상은 신이 창조했지만 아직 미완성 상태다. 하느님은 창조가 완전히 끝났다고 하지 않았다. 계속 창조하고 계신다고 생각한다. 그 때문에 인간은 완성을 위해 계속되는 창조행위를 도와야 한다. 하느님을 도와서 창조의 역사를 완성하는 것이다. 그것이 바로 신의 뜻이자 인간의 의무라고 생각한다.

이것이 유대인들의 현대판 메시아 사상이다. 메시아란 어느 날 세상을 구하기 위해 나타나는 게 아니라 그들 스스로가 협력하여 세상을 완성시키는 메시아가 되어야 한다는 생각이다. 유대인들이 창조성이 강하다는 평가를 받는 것은 바로 이 사상 때문이다. 그래서 유대교에선 불완전하게 창조되어 각종 질병으로 고통받는 인간의 몸을 낫게 하는 의학이 매우 가치 있는 일로 여겨진다.

페니실린, 스트렙토마이신, 소아마비 백신, 인슐린 등이 모두 유대인들이 찾아낸 의약품들이다. 비단 의학 분야뿐만 아니라 이러한 생각은 모든 분야에 걸쳐 유대인의 의식을 관통하고 있다. 이런 의미에서 '유대인에게 배운다는 것은 곧 신의 뜻을 살피며 신을 찬미하는 일'이다. '교육이 곧 신앙' 그 자체인 것이다. 그래서 시너고그(예배당)의 주된 역할도 『토라』와 『탈무드』를 공부하는 장소를 제공함에 있다. 유대인이 배우는 민족이라 일컬어지는 것도 바로 이 때문이다. 곧 그들에게 배움은 인생에서 가장 중요한 가치다.

티쿤 올람, 유대인은 왜 사는가?

유대인에게도 홍익인간과 비슷한 사상이 있는데 그것이 바로 티쿤 올람 사상이다. '티쿤'Tikkun은 '고친다'는 뜻이고 '올람'Olam은 '세상'이라는 뜻이다. 그래서 '티쿤 올람'은 '세상을 개선한다'는 뜻To improve the world이다.

신은 세계를 미완의 상태로 창조했고, 신이 사람을 만든 목적은 사람으로 하여금 미완의 창조를 완전하게 하기 위함이라고 유대인은 말한다. 그래서 유대인은 사람이라면 누구나 자신이 받은 재능과 능력을 발휘해 신의 파트너로 책임 의식을 가지고 더 나은 세계, 어제 보다 더 나은 오늘과 내일을 만들기 위해 노력해야 한다고 믿는다. 이것이 유대인의 존재 이유이자 유대인이 부단히 나아가야 할 삶의 방향이다.

이 같은 사명은 『토라』와 『탈무드』 공부를 통해 부모에게서 자녀에게로 이어진다. 성인식을 치르는 유대인 아이들에게 "사람은 왜 사는가?"라고 물으면 미리 약속이나 한 듯이 '티쿤 올람'이라고 대부분 대답한다. '유대인 100명이 있으면 생각도 100개가 있다'는 유대속담을 생각하면 이런 획일적인 대답은 의아하게 들리기도 한다. 하지만 '티쿤 올람'이 유대인에게 항구적이며 궁극적인 가치라고 생각하면 전혀 이상하지 않다. 『토라』와 『탈무드』 공부부터 유대인을 규정하는 3대 원리인 안식일, 체다카, 코셔를 비롯해 유대인이 지향하는 삶의 방식들은 거의 전부 '티쿤 올람'을 실현하기 위한 실천이다.

유대인들은 아이들이 어렸을 때부터 자선을 가르치고 기부할 돈을 모으기 위한 저금통을 따로 마련해준다. 유대의 계율에는 체다카를 실천해야 한다고 나와 있다. 체다카의 의무는 가난한 사람도 예외가 아니다. 아무리 가난해도 자기보다 더 어려운 사람을 돕는 것이 의무이다. 고아나 과부 등 사회적 약자도 정의를 지켜야 하기 때문이다. 유대인들은 이와 같은 체다카 행위를 티쿤 올람Tikun Olam의 행위로 이해한다.

그런 맥락에서 유대인으로서 페이스 북을 창업한 마크 주커버그는 정보의 완전한 공개와 공유로 모든 인간이 연결되어 정보에서 소외되는 사람이 없도록 하는 것이 그의 꿈이었다. 그 연결을 통해 인간은 좀 더 자유롭고 인간답게 살 수 있을 것이라는 생각에서다. 그래서 주커버그는 접속이 안 되는 오지까지 인터넷 망으로 연결될 수 있도록 인공위성과 드론을 이용해 모든 세상을 연결하려 노력하고 있다.

구글의 창업자 래리 페이지도 실시간 정보검색과 공유를 위해 모든 사람의 주머니 속에 인터넷 접속이 가능한 컴퓨터를 갖고 다니게 하는 것이 꿈이었다. 그 꿈을 실현시키기 위해 만든 것이 안드로이드 기반 스마트폰이고 다양한 정보에 연결될 수 있도록 하기 위해 인공지능을 연구한 것이다. 그들의 꿈은 티쿤 올람 사상을 실현한 좋은 예라고 할 수 있다.

이상이 없는 교육은 미래가 없는 현재와 같다

어떤 마을 사람들이 랍비에게 열심히 공부만 하는 아이를 이렇게 소개했다. "이 아이는 어찌나 열심히 공부하는지 밥 먹을 때도 책을 읽고 잠자기 전에도 책을 본다"고 합니다. 이 말을 듣고 랍비는 대답했다. "아마도 이 아이는 앞으로 아는 것이 많이 부족할 겁니다." 랍비의 말을 들은 마을 사람들이 그 이유를 묻자 랍비는 이렇게 말했다. "책만 읽고 생각할 시간을 못 가지니 어찌 아는 것이 있겠습니까?"라고 대답했다.

유대인들은 '이상이 없는 교육은 미래가 없는 현재와 같다'는 교육관을 가지고 있다. 유대인의 이상은 신이 축복하는 세상을 만드는 것이다. 그래서 유대인은 '좋은 세상을 만드는 것이 곧 신의 정의를 행하는 것'이라고 생각한다. 그들은 신이 축복하는 좋은 세상을 만들기 위해 자녀들에게 그런 이상을 추구하도록 가르친다.

부모에게 '이 세상을 더 나은 것으로 만들어야 한다'는 가르침을 어려서부터 수없이 되풀이해 듣고 성장한 까닭에 유대인들 중에는 세상을 개혁한 사람들이 많이 배출되었다. 그들은 축복받기를 원한다면 축복을 내리시는 하느님이 나를 인정하게 해야 한다는 가르침을 잊지 않는다.

유대인들은 독창적인 방식을 이용해 가난함을 부유함으로, 불운을 축복으로 바꾼 민족이다. 유대인들은 괴로움과 박해를 피해 여러 차례 이주를 해야 했지만 그들은 결국에 마지막 정착지에서 번영을 일궈냈다. 『유대인의 역사』 저자 폴 존슨은 그 같은 번영을 가능하게 한 것은 '장소의 이동이 주는 혜택'이라고 설명한다. 경제적인 측면에서 보면 유대인이 자신에게 닥친 불리한 상황을 긍정적 상황으로 바꾸어놓은 다양한 사례를 접할 수 있다. 중세와 근대 초기 유대인들은 항상 위험 부담을 가지고 있었고 언제 공동체에서 추방되거나 재산을 몰수당할지 모르는 상황이었다.

그러나 유대인들은 그런 상황에서 티쿤 올람 정신을 발휘하여 유가증권, 무기명 채권 등 새로운 방식의 제도를 만들어냄으로써 그런 불리한 상황을 극복하고 현대 자본주의에 가장 쉽게 적응해갈 수 있었던 것이다.

* 하브루타식 토론 주제 *
'사막의 생명, 물통의 물 누가 먹나?'

두 사람이 함께 사막을 건너가고 있는데 한 사람에게만 한 통의 물이 있다. 다른 한 사람은 물통을 가지고 있지 않았다. 만약 두 사람이 물을 나눠 마시면 두 사람 다 죽게 되고 한 사람만 물통의 물을 모두 마시면 다음 도시까지 도달해서 살 수가 있다고 한다. 자신이 물통을 가지고 있는 사람이라면 어떻게 할 것 인가?

● EBS 방영 특집 〈유대인 교육〉 영상에서

＊ 답변 사례1

저는 제가 마시려고요. 제가 물을 가지고 있으면 제가 마실 거 같아요. 이유는 어차피 그냥 돌아가실 건데 어차피 동행인이 죽게 되는 상황이니까요

＊ 답변 사례2

저는 오아시스를 찾고 싶은 데요. 그러면 둘 다 살 수 있으니까요.

＊ 답변 사례3

저는 동행인에게 자녀가 있다면 저보다 책임질 사람이 많은지 물어보고 많다면 물을 양보할 거 같아요.

＊ 해설

여기서 논점이 무엇이냐 하면 나의 생존을 위해 타인의 희생을 보고 있을 수 있는지입니다. 실제로 이 내용은 랍비들 사이에 갑론을박이 심한 논쟁 중 하나입니다.

랍비들이 내린 결론은 이겁니다.

'물통을 쥐고 있는 사람이 자기 생명을 지킬 권리가 있다'입니다. 모든 사람은 자기 생명이 제일 중요해요.

그래서 자기 생명을 지켜서 나중에 자기 혼자 살아서 다음 도시에 도착했는데 사람들이 그 사건을 알게 되었어요. 마을 사람들이 막 비난할 거 아니에요. 다른 사람은 어떻게 하고 너만 살아왔느냐? 비난하겠지만 유대인 랍비들은 이 부분에 대해 이렇게 해석합니다.

자기 생명을 지키는 것은 누구에게나 인지상정이잖아요. 설령 저런 극한 상황이 왔어도 비난할 수는 없다는 뜻이에요. 그리고 또 다른 근거는 준비가 철저한 사람이 우선권을 갖는 것이 당연합니다. 그래서 물통을 준비한 사람의 결정을 따르는 것이 옳다는 것입니다.

4장

인성 교육

'나'가 아닌
'우리'로
사는 법을 가르쳐준다

우리는 모두 형제다

세계적인 유대 네트워크를 형성하는 정체성 교육

유대인 캠프가 중요한 점은 아이들끼리 친목을 도모하여 인맥을 쌓는다는 점이다. 이것이 유대 네트워크이다. 유대인의 어린이 여름 캠프는 단순히 한 나라 안의 유대인뿐만 아니라 세계 각지의 유대인 아이들을 대상으로 한다.

세계에서 모여든 아이들은 캠프에서 함께 생활하고 같은 문화를 배움으로써 자신이 유대인임을 자랑스러워하고 자기 민족에 대한 강한 애착심을 가진다. 더불어 어린 나이에 집중적으로 공동체 생활을 체험함으로써 또래들과 어울려 조화롭게 지낼 수 있는 사회성도 자연스럽게 길러진다.

이처럼 유대인이 아이를 유대인 캠프에 보내는 데는 세계에 흩어져 사는 유대인 아이들을 만나게 하려는 목적도 포함되어 있다. 외향은 모두 다르지만 하나라는 동질감을 느끼며 자기 정체성을 깨닫게 하고 성인이 되어서도 민족 네트워크를 이어가게 하려는 것이다.

다른 민족 대부분이 문맹이었던 기원전부터 유대인의 모든 성인 남자들은 글을 깨우쳤다. 시대를 초월한 엄청난 경쟁력이었다. 이 엄청난 지식은 그들이 학자가 되고 의사가 되며 상인이 될 수 있는 재산이었다. 또 뿔뿔이 흩어져 그들만의 공동체를 이루며 살다보니 공동체 간의 편지 왕래를 통해 종교적 의문점을 물어보고 답했다. 이것이 발전하여 편지로 상업 정보를 수집하고 활용하는 일이 매우 능해졌다.

정보가 시장의 모든 거래를 좌우한다는 사실이 중요하다. 이것이 유대인이 통상과 금융으로 성공한 이유이다. 그들이 각국의 환시세를 꿰뚫고 특정 상품의 수요와 공급의 흐름을 알 수 있었던 것도 모두 정보의 힘이었다. 이를 이용해 항상 남보다 먼저 돈을 벌 수 있었다. 근대 초 유대인은 혈연을 기초로 하는 통상 네트워크뿐 아니라 이들 사이를 누구보다도 빨리 연결시킬 수 있는 수송 네트워크를 구축했다. 그들은 열심히 편지를 날랐다. 리보르노, 프라하, 빈, 프랑크푸르트, 함부르크, 암스테르담에서 후에는 보르도, 런던, 뉴욕, 필라델피아에서 그리고 이들 중심지의 사이사이에서 유대인은 고속 정보망을 활용했다.

하루 먼저 업무를 시작한다

유대인에게 독특하고 유용한 관습이 있다. 유대인의 안식일은 금요일 일몰부터 시작하기 때문에 기독교의 주일보다 하루 이상 빠르다. 그렇기에 그들은 안식일이 끝나는 토요일 일몰부터 일을 시작할 수 있다. 토요일 저녁에 주간의 일을 정리하고 그것을 토대로 일요일 곧 한주간이 시작되는 날 본격적으로 업무를 개시한다. 그리고 이날 각국에 흩어져 있는 유대인 커뮤니티인 디아스포라 간에 중요한 정보를 교환한다. 일요일 오후에는 랍비나 분야의 전문가를 중심으로 디아스포라들에게서 모인 정보를 분석하여 그 주간의 중요한 행동지침을 정한다.

배움의 학교 '시너고그'

유대민족의 종교교육은 오늘날까지 그들이 신앙공동체를 이루며 살아온 정신력의 원천이다. 서기 70년에 예루살렘의 신전이 파괴된 이후 유대인들의 유랑이 시작되었다. 하지만 세계 각지로 흩어진 유대인들은 어디를 가나 제일 먼저 그들의 회당인 시너고그를 지었다. 시너고그는 예배당의 의미가 있다. 하지만 배움의 장소이자 공동체의 구심점이 되는 집합장소이다.

시너고그는 일반적인 그리스도 교회와는 상당히 다르다. 그리스도와 관련된 교회나 성당에는 목사나 신부가 있어서 예배를 집전한다. 불교의 사찰에도 스님이 있다. 하지만 시너고그에는 그런 사람이 없다. 단지 랍비가 있을 뿐이다. 랍비는 성직자가 아니다. 일반 평신도이다. 단지 많이 배운 학자이기 때문에 유대인 지역사회의 지도자이자 재판관이기도 하며 힘든 일이 있을 때 인생을 상담할 수 있는 친구도 된다.

유대교에서는 종교를 지키는 일이 불교나 기독교처럼 승려나 목사 등 성직자의 몫이라고 생각하지 않는다. 유대인 개개인 모두에게 종교를 지킬 의무와 책임이 있다고 여기기 때문이다. 그러므로 당연히 랍비는 일반 신도들보다 더 높은 곳에 서서 설교하거나 예배를 주도하지 않는다.

씨줄과 날줄로 연결된 유대인 인맥

'유대인은 모두 한 형제다'라는 의식이 강하다. 그들은 이를 하느님의 명령으로 받아들인다. 로마 시대 이산 이후 유대인 현인들은 사방에 흩어진 종족들을 보존시키고 더 나아가 종교적 동일성과 민족적 동질성을 유지시킬 방법을 찾는다. 그 결과 그들은 디아스포라 수칙과 커뮤니티 조직에 관한 규정을 제정하고 모든 유대인 커뮤니티는 이것을 준수하도록 했다. 이 수칙에는 7가지 중요한 규정이 있다.

첫째, 유대인이 노예로 끌려가면 인근 유대인 사회에서 7년 안에 몸값을 지불하고 찾아와야 한다.

둘째, 기도문과 『토라』 독회 절차를 통일한다.

셋째, 13세를 넘은 남자 성인이 10명 이상 있으면 반드시 종교 집회를 갖는다.

넷째, 남자 성인 120명이 넘는 커뮤니티는 독자적인 유대인 사회 센터를 만들고 유대법을 준수해야 한다.

다섯째, 유대인 사회는 독자적인 세금제도를 만들어 거주 국가의 재정적인 부담을 받지 않도록 한다. 그리고 비상시에 쓸 예금을 비축해둔다.

여섯째, 자녀교육을 하지 못할 정도로 가난한 유대인을 방치하는 유대인 사회는 유대 율법에 위배된다. 유대인이면 누구든 유대인 사회에서 도움을 청하고 받을 권리가 있다.

일곱째, 유대인 사회는 독자적인 유대인 자녀들의 교육기관을 만들어 유지하고 경영할 의무가 있다. 가난한 유대인 가정의 아이들을 무료로 교육시키고 인재 양성을 위한 장학제도를 운영한다.

이러한 수칙은 기원전부터 만들어져 그들의 정신과 몸에 체화되어 내려왔다. 수칙의 주요 요점은 '모든 유대인은 그의 형제들을 지키는 보호자이고 유대인 모두 한 형제다'라는 것이다. 이러한 유대인 고유의 공동체 의식이 유대사회를 발전시켰다. 그리고 세계 각지의 디아스포라를 하나로 묶어놓았다. 이러한 공동체의 협동심으로 역사의 굽이굽이에서 살아남을 수 있었으며 더 나아가 세계경제를 이끌 수 있었다.

오른손으로
벌하되
왼손으로는 안아준다

아이가 잘못했을 때 유대인 부모의 기도

유대인 부모들은 아이가 잘못해 화가 치밀어 오를 때 절대 야단부터 치지 않고 아래와 같이 기도한다.

> 아이의 물음에 대답해주고,
>
> 수많은 갈등을 해결해주고 율법대로 살아가도록
>
> 지도할 수 있는 지혜를 주소서

화가 치밀어 오르고 비난과 매질로
아이의 영혼을 짓밟고 싶을 때마다
이겨낼 수 있는 자제력을 주소서

사소한 짜증과 아픔, 고통
보잘것없는 실수와 불편에 눈감게 하소서
참을성을 그보다 더한 참을성을
그리고 그보다 더한 참을성을 주소서
생각과 기분을 깊이 헤아리고 있음을
아이가 알 수 있도록 서로 공감하게 하소서

고통과 좌절의 순간에도
아이의 존재를 처음 깨달았을 때 느꼈던 환희와
아이가 첫걸음마를 했을 때의 기쁨과
아이를 처음 품에 안았을 때의 희열을
결코 잊지 않게 하소서

지치고 힘들 때에도 아이를 위해
움직일 수 있는 힘과 건강을 주소서
신념과 긍정의 힘으로 자신 있게

삶을 대하는 기쁨과 웃음과 열정을 주소서
모진 말과 조롱 비난으로
아이의 영혼을 파괴하지 않도록 침묵을 주소서

아이를 있는 그대로의 모습으로 받아들이는 포용력을 주소서
아이뿐 아니라 시간과 이해와 표현을 필요로 하는
내 내면의 아이도 사랑하게 하소서.

이렇게 기도로 평상심을 찾은 다음에 대화를 시작한다.

야단치기보다는 먼저 이유를 묻는다. 왜 잘못을 저지르게 되었는지 어떻게 해야 했는지 등에 대해 대화를 나누면서 아이 스스로 생각하고 반성할 수 있는 시간을 준다.

기도는 어머니를 위대하게 만든다. 기도를 통해 평상심을 찾은 다음에 아이와 대화를 시작한다. 야단치기보다 먼저 이유를 묻는다. 왜 잘못을 저지르게 되었는지, 어떻게 했어야 하는지 등에 대해 대화를 나누면서 아이 스스로 생각하고 반성하는 시간을 갖는다.

체벌해야 할 상황에서도 부모는 목소리를 높이지 않고 아이와 대화를 나눈다. 자신의 입장을 들어주는 부모의 모습을 보면서 아이는 억울하다는 생각을 하지 않게 되고, 차근차근

대화해가는 과정을 통해 잘못을 진심으로 뉘우치게 된다.

사실 부모의 눈으로 보면 아이는 매사에 서투르고 미덥지 않다. 그래서 우리는 아이가 문제에 부딪히면 나서서 해결해주고 싶은 마음이 절로 든다. 그러나 유대인 부모는 아이가 스스로 해결하기를 기다린다. 아이가 실수를 하더라도 어른이 되어 실수를 하는 것보다 낫다고 생각한다. 유대인 교육의 핵심은 아이 스스로 생각하고 표현하는 것이다. 그 뒤에는 부모의 인내와 헌신이 있다.

물리적 폭력보다 더 조심해야 할 심리적 폭력

부모들은 체벌보다 말로 야단치는 게 더 가벼운 벌인 줄 아는데 그렇지 않은 경우가 많다. 특히 신경질을 부리거나 버럭 소리를 지르는 건 체벌보다 더 나쁜 영향을 미친다. 아이에게 물리적 폭력보다 더 나쁜 영향을 끼치는 대표적인 심리적 폭력이 바로 비난과 욕설, 신경질과 버럭하는 것이다. 이는 물리적 폭력보다 더 큰 상처를 줄 수 있다. 이외에도 심리적 폭력은 극단적인 말로 자녀를 모독하고 책임을 전가하거나 신체적인 위협을 가하는 것 등을 포함한다. 이는 아이에게 오랫동안 큰 고통과 상처로 남는다.

노르웨이의 한 연구기관이 '육체적 폭력보다 심리적 폭력이 더 해롭다'는 연구결과를 내놓았다. 연구결과 돌봄의 실패나 심리적 폭력이 피해자들이 어른으로 성장했을 때 최고 수준의 우울증과 불안을 야기했다고 한다. 돌봄의 실패는 아이들이 필요로 하는 사랑과 보호를 적절히 받지 못할 때의 사례를 말하고 심리적 폭력은 부모가 아이들을 조롱하고 창피를 주거나 아이에게 착하지 않다고 말하는 경우를 말한다. 이에 장기간 노출된 아이들은 특히 그러한 행위가 가정에서 일상화될 때 심리적인 손상으로 고통받게 된다는 것이다.

'체벌의 원칙'을 보면 다음과 같다.

첫째, 부모가 화가 난 상태에서 자녀를 꾸짖거나 나무라서는 안 된다. 유대 격언 중에 '화가 난 상태에서 누군가를 가르칠 수 없다'라는 말이 있다. 화가 난 상태를 가라앉힌 다음에 차분한 마음으로 자녀의 잘못된 행동을 지적해야 한다.

둘째, 자녀의 잘못된 행동은 즉시 그 자리에서 고쳐줘야 한다. 자녀가 저지른 잘못을 차곡차곡 마음속에 쌓아놓았다가 한꺼번에 들춰내는 것은 좋은 방법이 아니다.

셋째, 결과만 보지 말고 원인까지 살펴서 꾸짖어야 한다. 어린이들은 자신의 좌절된 감정을 충족하기 위해 잘못된 행동을 저지르는 경우가 많다. 따라서 부모는 자녀의 행동이 우발적인 것이었는지, 애정을 갈구하는 욕구를 제대로 채워주지 못해 생긴 행동이었는지를 잘 따져서 대응할 필요가 있다.

마지막으로, 언어 선택에 신중해야 한다. 꾸짖는 중에는 부모가 감정이 격해져서 '항상, 절대, 정말로, 반드시' 따위의 과장된 말을 하기 쉽다. "너는 애가 어떻게 항상 그 모양이냐?", "너는 정말 구제불능이구나"와 같은 말을 들으면 아이는 자신의 인격이 모독을 받은 기분이 들어 오히려 반항적으로 변하기 쉽다.

『탈무드』에는 이런 말이 있다.

"오른손으로 벌을 주고 왼손으로 안아주라."

이 말은 부모가 야단을 치고 체벌을 한 뒤에는 반드시 애정 표현이 뒤따라야 한다는 것을 의미한다. 부모가 아이에게 벌을 준 다음에 다독여주지 않으면 아이는 서운함과 미움, 두려움 등을 마음속에 그대로 간직하게 된다. 그러나 부모가 따뜻한 사랑으로 감싸주면 아이는 부정적인 감정에서 벗어나서 편안한 상태로 되돌아가게 된다.

『탈무드』에는 또 이런 말이 있다.

"꾸짖은 다음에 잠자리에 들 때는 따뜻하게 대하라."

유대인 부모는 아이가 하루 동안 두려웠거나 슬펐던 일은 그날로 정리할 수 있도록 배려한다. 아이를 심하게 야단쳤더라도 아이가 잠자리에 들 때는 상한 마음을 어루만져주면서 정답게 대해준다. 그렇게 하지 않으면 아이는 베개를 적시며 울다가 잠들어버릴 것이다. 잠자리에서 아이의 곁을 따뜻하게 지켜주는 부모만큼 아이의 마음을 안정시켜주는 것은 없다. 그러면 아이는 하루 동안 쌓인 긴장과 걱정거리를 털어버리고 깊은 잠에 빠져들 것이다. 그리고 다음날 아침 아이는 상쾌한 마음으로 하루를 시작하게 될 것이다.

『구약 성경』의 「창세기」에는 '하느님이 낮과 밤을 통해 하루라는 주기를 만들었다'고 했다. 유대인들은 이 주기에 따라 하루 동안 있었던 일들을 밤에 정리하고 잠자리에 든다. 때문에 그날 하루 동안에 일어난 좋지 않은 일들을 잊고 새로운 아침을 맞이할 수 있는 것이다.

예를 들어 가정에서 아이가 벽에 낙서를 했을 경우 부모가 아이에게 그런 행동은 "하지 마라"라고 혼내거나 "도대체 무슨 짓을 한거니?"라고 화를 내는 것이 일반적이다. 그러나 유대인 부모들은 "벽은 낙서하기 위해 있는 것이 아니란다. 그림은 도화지에 그리는 거예요. 또 벽을 깨끗이 청소하는 건 힘든 일이야"라고 하면서 아이를 벌하는 일은 없다. 아이와 아이의 행위를 나누어 생각하는 것이다. 그리고 아이가 한 행동의 결과만 문제로 삼는다. 결코 아이에게 '어리석은'이라든가 "또 한 거니?"와 같이 아이의 인격을 다치게 하는 일은 하지 않는다. 부모가 쉽게 화를 내면 아이의 정서를 불안정하게 만든다. 반대로 부모가 느긋한 인내심을 갖고 침착하게 타이르면 아이들에게도 인내력이 생긴다.

보통 아이가 잘못 행동할 경우 이렇게 하는 게 좋다. 아이의 행동은 벌써 벌어졌고 그 상황에서 유대인 부모는 잠시 말을 안 한다. 그리고 3초 동안 아이를 쳐다본다. 돌발 상황에 3초만 말을 안 해도 아이는 안다. 자기가 잘못했다는 것을 말이다. 그리고 자꾸 부모를 쳐다본다. 그때 어떤 반응을 부모가 하는지에 따라 달라진다. 예를 들어 "야! 하지 마~" 하면 아이는 긍정이 아닌 부정으로 자란다. 그리고 아이를 방에 처박아 놓으면 아이는 뭘 잘못했는지 모르고 알 기회를 잃어버리게 된다. 자신의 잘못을 생각할 기회도 없어지는 셈이다.

그러므로 우리 아이들이 사고를 치거나 무슨 일이 벌어지면 다음과 같이 해보는 것이 좋다.

1단계 : 3초간 말을 안 한다.

2단계 : 괜찮니?

3단계 : 무슨 일이니?

4단계 : 어떻게 하면 좋을까?

이렇게 힘들겠지만 인내심을 가지고 상황에 따라 우리 부모가 말 한마디만 바꾸면 우리 아이는 엄청나게 달라질 수 있을 것이다.

정직이 최고의 인격이다

효심 깊은 라브의 아들 히야 이야기이다.

라브의 아내는 라브를 괴롭혔다. 라브가 아내에게 렌즈콩 요리를 부탁하면 그녀는 라브에게 완두콩 요리를 해주었고 완두콩 요리를 부탁하면 렌즈콩 요리를 해주었다.

라브의 아들 히야가 성장했을 때 히야는 어머니에게 아버지 라브의 말을 전했지만 라브가 한 말을 거꾸로 전했다.

즉 아버지가 렌즈콩을 원하면 아버지는 완두콩을 원한다고 전했던 것이다.

어느 날 라브가 아들 히야에게 말했다.

"네, 어머니가 나아졌구나. 엄마가 원하는 음식을 해주고 있어."

히야가 말했다. 그건 제가 아버님이 원하는 콩을 드실 수 있게 말씀을 거꾸로 전했기 때문입니다. 하지만 아버지 라브는 아들에게 고맙다는 말 대신 바늘도둑이 소도둑될 수 있다고 그런 행동을 몹시 꾸짖었다. 『탈무드』에는 죽어서 신과 만났을 때 첫 질문이 다음과 같다고 한다.

"너는 너의 일을 정직하게 행했느냐?"

어떤 경우에도 거짓말을 용납하지 않는다

집에 전화가 왔을 때 엄마가 아이에게 "엄마, 없다고 해" 이런 말이 아이 교육에 안 좋다고 한다. "상황이 바뀌면 언제라도 거짓말을 해도 되는구나"라고 아이는 생각하게 된다. 스스로에게 정직한 사람은 세상을 대할 때 자신감이 있다. 또 아이에게 지키지 못할 약속을 하는 것은 거짓말을 가르치는 것과 같기 때문에 특히 신중해야 한다.

나무꾼으로 생계를 유지하는 랍비가 있었다. 그는 나무를 지어 나를 때 이용하려고 당나귀를 한 마리 샀다. 당나귀를 시냇가에 데려와 씻기는데 목줄 사이에서 다이아몬드 하나가 떨어졌다. 제자들은 랍비가 가난한 나무꾼 신세를 면하고 자신들과 공부할 시간이 많아졌다며 기뻐했다. 하지만 랍비는 상인들에게 돌려주며 말했다.

"나는 당나귀를 샀지. 다이아몬드를 산 적이 없습니다."

자기가 사지 않은 물건은 갖지 않은 게 유대의 전통인 것이다.

●『탈무드』

2008년 미국 월가 최악의 금융사기 사건으로 유대인 사회가 발칵 뒤집혔다. 500억 달러에 달하는 다단계 금융사기의 사건의 주범이 다름 아닌 나스닥 증권거래소 이사장 출신의 유대인 버나드 메이도프(당시 70세)로 밝혀졌기 때문이다. 천문학적인 피해금액이 문제가 아니라 '정직'을 강조하는 유대사회의 불문율을 깨고 수십 년 동안 사기를 자행했다는 사실에 유대인들은 경악하고 좌절했다.

메이도프 사기 사건의 피해자 명단에는 영화감독 스티븐 스필버그, 노벨 평화상 수상자 엘리 위젤 등 유대인도 많았다. 상호 신뢰와 정직의 정신을 배우며 자란 유대인이 설마 동족을 상대로 사기를 치리라고는 꿈에도 생각하지 못했을 것이다. 『뉴욕 타임즈』는 메이도프는 유대인 가정에서 정상적으로 자랐다면 할 수 없는 일을 저질렀다고 보도했다.

유대인들은 어렸을 때부터 정직이 몸에 배어 있는 삶을 살도록 교육을 받는다. 학교에서 시험을 볼 때 감시하는 사람이 없어도 학생들은 커닝(부정행위)을 안 한다. 상거래에서도 한 번 계약을 하면 반드시 지킨다. 계약에 이르기까지의 과정에서도 정직을 중시한다.

자로 재거나 저울로 달 때 속여서는 안 된다. 정확한 저울, 정확한 추를 사용해야 한다는 가르침을 받아왔기 때문이다. 정직하게 장사를 하면 결국 돈을 번다는 믿음도 강하다. 정직이야말로 유대인의 가장 큰 재산이며 부의 원천이다.

10억 원 주면 감옥 가겠다는 우리 청소년들

흥사단 윤리연구센터가 조사해 발표한 '2017년 청소년 정직지수'는 우리 사회 청소년들의 윤리·도덕의식의 문제점을 알려준다. 전국 초·중·고등학교 학생 2만 명을 대상으로 실시한 조사에서 고등학생들은 61퍼센트가 친구의 숙제를 베껴낸 사실이 있고, 46퍼센트가 내 것을 빌려주기 싫어 친구에게 거짓말을 했다고 한다.

그런데 무엇보다 충격적인 조사 결과는 고등학생의 55퍼센트가 10억 원이 생긴다면 죄를 짓고 1년 정도 감옥에 가도 괜찮다고 답했다는 사실이다. 그리고 이 조사가 드러낸 큰 문제는 도덕·윤리의식이 학년이 높아질수록 더 낮아진다는 사실이다.

돈 때문에 범죄를 저질러도 괜찮다는 생각을 하는 학생이 50퍼센트가 넘는다는 사실이다. 이 청소년들이 10년, 20년 후 우리 사회 곳곳에서 중요한 역할을 하게 될 것이라고 생각하면 섬뜩하고 무서워진다. 돈과 삶에 대한 건강한 교육이 이루어지지 않는다면 돈을 위해 싸우는 사람들이 넘쳐나는 무서운 사회가 될 위험에 처하게 된다. 정직을 포함한 우리나라 인성교육의 전반적인 변화가 시급한 이유라 할 것이다.

마음이 가난한 부자에게는 자녀가 없다

'마음이 가난한 부자에게는 자녀가 없다. 오직 상속인만 있을 뿐이다'라는 유대 격언이 있다. 유대인은 돈에 대한 생각과 관점이 남다르다. 유대인 자녀들은 어려서부터 히브리어로 선행을 뜻하는 체다카에 대한 노래를 부르며 자란다. 아이들은 아침, 저녁, 식사 전, 안식일 등에 우리로 치면 저금통에 해당하는 체다카 통에 수시로 동전을 넣는다.

돈은 비료와 같은 것이다.

쓰지 않고 쌓아두면 냄새가 난다.

돈의 노예가 되지 말고

돈의 주인이 되되

결국에는 가치의 주인이 돼라.

●『탈무드』

이 가치는 돈을 어떻게 버는 것보다 돈을 어떻게 쓰느냐에 달린 것이다. 자기 혼자 벌어서 자기 혼자 쓰는 게 아니라 가치를 만들라는 건 공동체가 부를 함께 누리는 것을 뜻한다.

이 자선교육은 어려서부터 훈련해야 한다. 나이가 들면 하기가 어렵다. 크게 보면 인성교육인 것이다. 그릇을 크게 해서 이웃을 품는 자선을 하면 그 자선금이 어디로 가는지 살펴봐야 되고 내가 누구를 돕는지도 살펴봐야 한다.

자선을 하면서 나보다 어려운 사람들 그리고 내가 얼마나 행복한 사람인지 알게 된다. 그런 마음들이 계속 사람의 그릇을 크게 하는 것이다. 그런 사람이 인성을 키워 훗날 큰일을 도모할 수 있게 된다.

성공은 내가 주변 사람들을

얼마나 밟고 올라섰느냐에 따라 달라지는 것이 아니다.

오히려 주변 사람들을 얼마나 끌어올려주느냐에 달려 있는 것이다.

그렇게 하는 과정 속에서 사람들은 나를 끌어올려주고

나도 그렇게 해주었다.

● 조지 루카스

일찍이 철강왕 앤드류 카네기는 '타인을 부자로 만들지 않고서는 아무도 부자가 될 수 없다'고 말했다. 한편 플라톤은 "남을 행복하게 해줄 수 있는 사람만이 행복을 얻을 수 있다"고 강조했다. 먼저 타인의 행복과 성공을 도우면 자연스럽게 나의 행복과 성공이 따라온다는 것이다.

그런 의미에서 유대인들이 일상에서 실천하는 '체다카'는 '자비', '자선'으로 번역하지만 이보다 강한 뜻을 품고 있다. '체다카'의 어원인 '체댁'은 '정의'라는 뜻이다. 자선과 자비를 실천하는 일과 세상을 좀 더 의롭게 만드는 일은 다른 것이 아니라는 유대인들의 생각을 엿볼 수 있다. 체다카의 실천은 유대인 계명 중에서도 가장 중요한 것이다. 그 결과 유대인은 가장 기부를 많이 하는 민족이다. 『비즈니스 위크』가 뽑은 미국 50대 기부자의 38퍼센트가 유대인이었다.

때로는 기부의 생활화는 학생 선발에서도 강조된다. 미국 보스턴의 명문 기숙사형 사립학교 필립스 아카데미 엔도버는 조지 부시 전 미국 대통령 등 명문가의 자녀들이 많이 다니는 학교로 유명하다. 이 학교에서 가장 강조하는 것은 '사회공헌'이다. 학생을 선발할 때 봉사활동이 중요한 기준이 된다. 이 학교의 입학처 관계자는 이렇게 강조했다.

> "시험 성적이 좋은 '똑똑이'를 찾는 건 쉬운 일이다. 그러나 우리는 자신의 능력을 어떻게 승화시켜 다른 사람에게 도움을 줬는지에 주목한다. 리더는 사회에 봉사하는 사람이어야 한다."

유대인에게 자선과 기부는 결코 남에게 내세울 만한 자랑거리가 아니라 당연히 해야 할 일이다. 타인에게 친절을 베푸는 것은 도덕 이전에 하느님의 명령이기 때문이다. 교육 전문가들에 따르면 봉사활동 경험이 많은 아이는 자신의 존재와 활동에 대해 자부심을 가지고 남들을 리드하게 된다고 한다. 태어나면서부터 선행을 교육받은 유대인의 아이들 가운데 세계 지도자가 많이 나오는 건 당연한 일인 듯하다. 남을 돕는 것은 지도자가 지녀야 할 가장 기본적인 덕목이기 때문이다.

누구부터 도와주어야 하나? 흥미롭게도 체다카의 대상에는 우선순위가 있다. 제1순위는 0촌, 곧 일심동체인 아내이다. 남을 돕기 전에 먼저 아내에게 도움이 필요하진 않은지 경제적 이유로 박탈된 권리나 기회는 없는지 우선으로 살펴야 한다. 자신의 능력 안에서 내 사람에게 가장 정성스럽게 돈을 써야 한다.

두 번째 대상은 아직 어린 자녀이다. 즉 성인식을 치르지 않은 13세 미만의 자녀들이다. 다음 순서는 부모님이다. 연로하신 부모님에게 경제적 어려움은 없는지 기본생활이 잘 충족되고 있는지 살펴본다. 다음은 13세 이상의 성인식을 치른 자녀들이다. 그다음은 가까운 친척 순이다. 먼저 친형제 자매인 2촌을 살핀다. 그리고 삼촌, 사촌, 오촌, 육촌 그 밖의 친척 등으로 범위를 넓혀 나간다.

우리나라에는 '사촌이 땅을 사면 배가 아프다'라는 속담이 있다. 그러나 유대인들은 사촌이 땅을 사면 춤을 춘다. 사촌이 잘되면 나에게 유익하기 때문이다. 자신에게 올 다음 혜택을 기대할 수 있는 것이다. 당연히 친척이 잘되기를 바라면서 서로 돕고 이끌어주는데 유대인 사회에서 유난히 친족경

영이 발달한 이유가 여기에 있다. 결국 아내사랑, 자녀사랑, 부모사랑, 형제사랑, 친척사랑, 이웃사랑, 인류 사랑을 실천적으로 가능하게 하고 있다. 결국 온 인류가 하나가 되는 것을 꿈꾸는 것이다.

유대인들은 이를 위해 그들이 가는 곳마다 기금을 만들어 그 지역에 정착한 유대인을 돕는다. 이러한 기금은 반유대주의가 성행하던 여러 나라의 수많은 유대인들에게 큰 힘이 되었다. 물론 유대인은 외국인을 위해서도 가장 많은 기부금을 내는 민족 중 하나다. 유대인들은 자선에도 여러 품격이 있다고 생각한다. 그럼 어떻게 도와주어야 품격 높은 도움인가? 유대인에게 자선은 선택이 아니라 종교적 의무다. 그래서인지 그들은 자선을 베풀 때도 마음가짐에 따라 자선의 품격을 8단계로 나눈다.

1. 아깝지만 마지못해 도와주는 것
2. 줘야 하는 것보다 적게 주지만 기쁘게 도와주는 것
3. 요청을 받은 다음에 도와주는 것
4. 요청을 받기 전에 도와주는 것
5. 수혜자는 당신을 알지만 당신은 수혜자의 정체를 알지 못하면서 도와주는 것

6. 당신은 수혜자를 알지만 수혜자는 당신을 모르게 도와주는 것
7. 수혜자와 기부자가 서로를 전혀 모르는 상태에서 도와주는 것
8. 수혜자가 스스로 자립할 수 있게 만들어주는 것

가장 낮은 품격이 속으로는 아까워하면서 마지못해 도와주는 것이다. 품격 가운데 최고는 상대방이 자립할 수 있도록 도와주는 것이다. 최근 우리나라에서도 야채 행상으로 큰돈을 번 노부부가 전 재산 400억 원을 고려대학교에 기부하겠다고 발표해 훈훈한 감동을 줬다. 미국에서는 얼마 전 유대인으로 뉴욕 시장을 지낸 마이클 블룸버그가 대학 기부금으로는 사상 가장 큰 액수인 18억 달러를 모교인 존스 홉킨스 대학교에 기부해 세상을 놀라게 했다. 대학 졸업 직후부터 5달러를 모교에 기부한 블룸버그는 재능 있는 학생들이 돈 걱정하지 않고 학업에 전념할 수 있도록 이런 결정을 내렸다고 한다. 500억 달러의 재산가인 그가 지금 준 18억 달러보다 무일푼이던 시절 5달러를 모교에 기부했다는 사실이 더 깊은 울림을 준다.

한국인들은 자녀교육에는 누구보다 열성적이지만 자선에 관한 한 아직 많이 뒤진다. 영국 자선 지원 단체CAF에 따르면 한국인의 기부 참여 지수는 34퍼센트로 139개 조사 대상국

중 62위에 그쳤다. 전쟁으로 참화가 된 이라크나 1인당 GDP가 한국의 20분의 1에도 못 미치는 미얀마보다 낮다. 참고로 미얀마의 기부 참여 지수는 세계 1위다. 한국인은 기부액수가 작을 뿐더러 그나마 종교단체에 편중돼 있고 교육기관에 대한 기부는 극히 작다. 한국인의 높은 교육열과 대조적이다.

따지고 보면 유대인이 이룬 가장 큰 업적은 돈을 많이 벌고 노벨상을 많이 탄 것이 아니라 나라 없이 세계를 방황하면서도 2,000년 동안 사라지지 않고 살아남은 것일지도 모른다. 그리고 그것을 가능하게 한 것은 유대인들의 사회적 약자에 대한 배려다.

우리나라의 어느 가정은 유대인 자녀교육을 본받아 주말에 가족이 모여 식사를 하기 전에 먼저 자선함 세 개에 기부하는 훈련을 하고 있다고 한다. 자선함 두 개는 각각 친가와 외가의 할아버지, 할머니를 위한 모금함이다. 이렇게 모인 돈으로 어버이날이나 생신이 되면 아이들이 직접 할아버지, 할머니를 위해 선물하게 한다.

나머지 한 개는 불우이웃을 돕는 모금이다. 이 돈을 모아 크리스마스 전후에 구세군 자선냄비에 넣거나 사랑의 열매 같은 자선 재단에 기부한다. 예를 들어 아프리카 난민을 위한 구호재단에 기부하는 것도 아이 교육에 좋을 것이다. 자선함은 다양한 방법으로 만들 수 있다.

특이한 점은 유대인의 체다카 박스가 아이마다 그 재질과 모양이 다채롭다는 점이다. 가장 간단한 방법은 집에서 쓰레기로 버려지는 우유팩이나 캔, 튼튼한 상자 같은 것을 재활용하는 것인데 특히 주스 병에 동전 구멍이 있는 마개를 씌워 장식하면 아이들이 아주 좋아한다.

안이 훤히 들여다보여 아이가 얼마나 모았는지 알 수 있고 동전이 자선함에 들어가는 시각적 효과뿐만 아니라 동전이 자선함에 떨어지는 딸그랑 소리로 청각적 효과까지 거둘 수 있기 때문이다. 유대인처럼 자선함을 만들고 나서 아이와 함께 기부대상, 기부목적, 기한, 목표금액 등을 붙이면 아이의 실천의지를 더욱 북돋을 수 있다.

기억하라.

만약 도움을 주는 손이 필요하다면 너의 팔 끝에 있는 손을 이용하면 된다.

네가 더 나이가 들면 왜 손이 두 개인지 깨닫게 될 것이다.

한 손은 너 자신을 돕는 손이고 다른 한 손은 다른 사람을 돕는 손이다.

아름다운 입술을 갖고 싶으면 친절한 말을 해라.

사랑스런 눈을 갖고 싶으면 사람들에게서 좋은 점을 보아라.

날씬한 몸을 갖고 싶으면 너의 음식을 배고픈 사람과 나누어라.

● 오드리 헵번(아들에게 쓴 편지 중에서)

자신을 절망에서 구해준 것이 다른 사람들의 사랑이었음을 깨달은 오드리 헵번은 말년에 다른 사람을 돕는 일에 자신의 인생을 바쳤다. 이런 점에서 그녀의 젊은 시절 아름다웠던 모습보다 훨씬 더 대중의 가슴에 아름답게 기억되고 있는 것이다.

인내심을 가지고 긴 안목으로 아이를 키운다

유대인이 오늘날 성공한 민족으로 평가받는 그 저변에는 끈기와 인내가 자리 잡고 있다. 유대인은 『탈무드』를 7년이라는 시간을 두고 반복해서 공부한다. 좋은 행동과 습관을 꾸준히 하는 인내심이 무엇보다 필요하다. 아이들 입장에서 "엄마~ 엄마~ 아빠~ 아빠~" 하고 이야기하는 것은 부모로서는 떼를 쓰는 거고 아이로서는 내 이야기를 들어달라고 어필하는 것이다.

이럴 때 유대인 부모들은 '저리 가'라고 하는 것이 아니라 "이따가 이야기하자~"라는 의미로 '싸블라누트'를 쓴다. "기다려~ 조금 있다 들어줄게, 조금 있다가 놀아줄게"라고 하면 아이들도 울면서 귀가 있어서 듣게 된다. 그냥 우는 것과 설명을 듣고 우는 것은 차원이 다르다. 아이는 부모가 "기다려" 하면 그래도 대화상대로 존중받고 있다고 느끼게 되기 때문이다. 이게 반복되면 아이와 부모 사이의 대화 방식이 많이 달라진다.

질서의식과 예의범절을 가르친다

어느 마을에 경건한 신자인 것처럼 회당에 나오는 품행이 나쁜 남자가 있었다. 하루는 랍비가 그를 불러서 행실을 좀 고치라고 주의를 주었다. 그러자 그 남자는 "저는 정해진 날에 매일 회당에 나오는 경건한 신자입니다"라고 말했다. 랍비는 이렇게 꾸짖었다.

"여보게, 동물원에 매일 간다고 해서 사람이 동물이 되는 건 아니잖은가."

유대인은 아이들을 키우면서 질서와 예의를 강조한다. 말을 제대로 알아듣지 못하는 어린 나이에는 절대로 외식에 데려가지 않는다. 아이가 밖에서 식사하는 즐거움을 아직 이해하지 못할 것이라는 배려의 의미도 있지만 악을 쓰고 울거나 뛰어다니며 다른 손님들의 식사를 방해할 위험이 크기 때문이다.

음식을 흘리고 주변을 어지럽히니 가게 주인도 환영할 리가 없다. 그래서 식사를 할 때 지켜야 할 예의와 외식의 의미를 이해할 수 있을 때까지는 아이들을 절대 외식에 데려가지 않는다. 유대인들은 자신의 몸을 깨끗이 하고 단정한 외모로 사람을 대하는 것을 의무로 여긴다. 당연히 자녀들이 식사하기 전에 반드시 손을 씻도록 하고 단정한 옷차림으로 예의 바르게 행동하게 한다.

우리는 아이들을 다른 사람의 처지에서 생각하고 상대방의 감정을 이해할 수 있는 능력을 키워줄 필요가 있다. 자녀들이 식당이나 극장에서 뛰어다니거나 소리를 지르는 행동을 했을 때는 "하지 마"라고 무조건 나무라기보다는 "네가 뛰어다니면 다른 손님들이 어떻게 느낄까?"라는 식으로 생각해볼 수 있는 기회를 주는 게 좋다. 또 아이가 의젓하고 예의바른 행동을 했을 때는 당연시할 게 아니라 "네가 어른에게 존댓말을 쓰고 인사를 잘하니까 엄마 마음이 참 기쁘구나"와 같이 칭찬과 격려를 해주는 게 좋다.

이렇게 어릴 때 자제력이 컸던 아이가 나중에 공부도 잘하고 사회적으로도 성공한다. 이런 가설은 오래전부터 교육학과 심리학 분야의 고전으로 꼽히는 '마시멜로 실험'으로 우리는 익히 잘 알고 있다.

1960년대 후반부터 1970년대 초반, 미국 스탠퍼드대학교의 심리학자 월터 미셸은 대학 부설 유치원에 다니는 4~6세의 아이들을 시험에 들게 했다. 한 명씩 방으로 데려간 뒤 마시멜로 한 개가 놓여 있는 접시를 보여주고 다음과 같이 말했다.

"선생님이 잠깐(15분) 나갔다가 돌아올 거야. 그때까지 이걸 먹지 않고 기다리면 한 개 더 줄게."

유치원생 600여 명 중 소수는 문이 닫히자마자 마시멜로를 먹었다. 당장 먹지 않은 아이 세 명 중 한 명은 15분을 기다려 과자를 하나 더 받았다. 이 실험이 화제가 된 것은 1988년, 1990년 잇따라 발표된 후속 연구 덕분이었다. 유혹을 좀 더 오래 참을 수 있었던 유치원생들은 청소년기에 인지능력과 학업 성적이 우수했고 좌절과 스트레스를 견디는 힘도 강했다. 심지어 2012년 발표된 후속연구에서는 30년 후의 건강상태(체질량 지수 기준)도 더욱 양호한 것으로 나타났다.

작은 유리 상자에 나비가 있다. 나비는 자꾸 벽에 부딪힌다. 나비가 상자에 반항하는 걸까? 조금 큰 상자라면 다를 것이다. 안에 꽃도 넣어주면 편안히 지낼지도 모른다. 우리들은 아이에게 얼마나 큰 상자인가? 때로는 고집대로 안 해준다고 떼쓰는 아이, 혼낼 필요가 없다. 들어주지 않으면 된다.

"엄마가 네 고집을 다 받아주면 널 멋진 딸로 키울 수 없단다. 속상한 건 이해하지만 엄마는 참는 걸 가르쳐야 해"라고 말이다. 우리 아이들은 잘못된 게 아니고 덜 자랐을 뿐이다.

아이들은 우리들이 인지하든 인지하지 못하든 오늘도 육체적으로 정신적으로 한 뼘 더 성장한다. 아이들이 성장통을 겪는 것과 마찬가지로 우리 부모도 함께 성장할 것이다.

과도한 만족은 보이지 않는 가정 폭력이다

과도한 만족은 독약이다

아이가 아무리 사랑스럽더라도 과도하게 만족시키는 것은 아이를 망치는 지름길이다. "우리 아이는 말을 잘 듣지 않아요"라고 하는 엄마들은 대부분 아이를 미리 만족시키고 즉시 만족시키고 과도하게 만족시킨 경우가 많다. 이렇게 자란 아이는 욕구를 조절할 수 있는 힘이 없다. 우리 부모들이 그렇게 키운 것이다. 사람의 욕구는 다섯 단계를 거친다고 한다.

자녀에게 반드시 교육해야 할 것은 만족지연과 적당한 불만족이다. 세상에는 자기 뜻대로 되지 않는 일들이 많다. 또 하고 싶어도 해서는 안 되는 일들이 있다. 아이들도 이런 일들이 많이 있음을 알아야 한다. 현명한 부모라면 아이와 함께 규칙을 정하고 아이 스스로 그것을 지키게 해야 한다. 이를 통해 아이가 어려서부터 인생의 풍랑을 헤쳐 나갈 수 있는 힘과 인내심을 길러주어야 한다.

이스라엘 교육자들은 지능지수IQ, 감성지수EQ만큼이나 역경지수AQ를 매우 중요하게 생각한다. 교육 심리학자들은 성공하는데 지능지수가 미치는 영향은 20퍼센트에 불과하며 나머지 80퍼센트는 역경지수와 감성지수에 달렸다고 단언한다. 이스라엘의 한 경제 잡지는 해마다 재기에 성공한 사업가의 명단을 발표하는데 이들에게는 한 가지 공통점이 있다. 바로 고난과 역경에 처했을 때도 시종일관 낙관적인 태도를 유지하며 절대로 포기하지 않았다는 점이다. 다시 말해 역경지수가 굉장히 높은 사람들이라고 할 수 있다.

세상에 영원히 이기기만 하는 사람은 없다. 물론 아이를 교육할 때 성공경험을 통해 자신감을 키워주는 일이 중요하긴 하다. 하지만 인생에서 성공과 실패가 공존하며 실패했을 때 좌절하지 않고 담담하게 맞서면 된다는 진리도 반드시 깨우쳐줄 필요가 있다.

유대인들은 아이들에게 수많은 위인들의 일대기를 접하게 한다. 인생은 숱한 역경과 좌절을 딛고 일어서는 과정이라는 사실을 자연스럽게 깨닫게 하는 것이다. 좌절을 제대로 인식시킨 다음에는 좌절을 대하는 방법을 가르친다. "좌절을 겪어도 실패한 것은 아니며 좌절을 겪지 않아도 성공한 것은 아니다"라고 가르친다.

> "얘들아, 좌절은 일찍 겪으면 겪을수록 더 크고 좋은 것을 얻게 된단다. 만약 인간관계에서 좌절을 겪는다면 넘어서야 할 대상은 다른 사람이 아닌 바로 자기 자신이며 어제의 나를 뛰어넘기 위해 노력하라."

전문가들은 자녀가 실패의 경험을 쌓지 못하도록 방어하는 부모들의 태도가 쉽게 좌절하는 자녀를 낳을 수 있다고 경고한다. 아이들은 시행착오를 거치며 성장하는 데 부모가 사사건건 해결해주다 보면 실패에 대해 과도한 두려움을 갖게 된다는 것이다.

언론 인터뷰에서 가톨릭대학교 김영훈(소아청소년과 교수) 의정부 성모병원장은 “자라면서 경험을 통해 터득해야 자기 주도성이 생기는데 부모가 위험에 빠지지 않게 한답시고 방어막을 치다 보니 커서도 역경에 어떻게 대처해야 할지 모르게 된다”고 말했다. 이화여자대학교 김희진 유아교육과 교수는 “자신감을 갖게 하고 긍정적인 자아를 만들 수 있어 성공의 경험도 중요하다. 하지만 한국 부모들은 경험하지 말아야 할 실패는 맛보게 하고 막상 겪어야 할 실패는 안 시킨다”고 지적했다. 수준에 맞지 않게 어려운 선행학습을 시키면서 불필요한 좌절을 안겨주는 반면 정작 일상에서 자신을 제어하고 통제하는 능력을 기를 기회는 막는다는 것이다. “넌 공부만 해, 나머지는 엄마가 알아서 해줄게” 같은 태도는 금물이라는 얘기다.

자녀가 역경을 헤쳐 나갈 힘을 갖길 바라지만 일부러 어려움에 빠뜨릴 수도 없는 노릇이다. 전문가들은 부모의 개입을 줄이고 최대한 지켜보는 자세를 갖는 게 중요하다고 입을 모은다. 김 원장은 “취직을 해도 부모와 살 때보다 더 잘살 것 같지 않으면 직업을 가져야겠다는 마음이 안 든다. 자녀에게 스스로 하도록 책임을 지우고 가정 형편이 좋더라도 일부러 용돈을 적정하게 주는 노력이 필요하다”고 조언했다.

아이들이 다툴 때 부모가 개입하지 말고 상처가 날 정도가 아니라면 둘이서 해결하도록 하는 게 바람직하다. 식탁에 숟가락·젓가락을 자녀에게 놓게 하고 칭찬을 해서 성취감을 느끼게 해준다. 친척 상가喪家 등에 데려가서 절망과 슬픔, 죽음 같은 감정을 느끼도록 한다. 경제교육도 5~6세 등 어렸을 때 시작해야 효과가 큰 만큼 넉넉하지 않은 용돈을 주고 계획해서 관리하게 하는 것이 좋다.

김 교수는 일상생활에서 작은 실패를 경험하게 하라고 권했다. 요구하는 장난감을 무조건 사주지 않기, 할 일을 안 하면 텔레비전 시청 제한하기 등을 통해 자신을 제어하는 경험을 시키라는 것이다. 나이에 따라 자신이 해야 하는 일을 가르치는 것도 좋다.

김 교수는 "유치원 갈 나이가 되면 혼자 씻게 하고 초등학생이 되면 물건 사오기 등 심부름을 시켜보라"며 "미국이나 유럽에서 마당 치우기나 쓰레기 버리기 등을 아이에게 시키는 것도 독립심을 키워주는 행위"라고 설명했다. 선생님에게 아이가 해도 되는 말을 부모가 대신 전하거나 토라진 친구와 화해할 때 엄마가 나서는 것도 한국 엄마들이 하지 말아야 할 일로 꼽힌다.

학부모들이 모이는 국내 인터넷 사이트엔 엄마들의 제안

도 쏟아졌다.

"친척 집이 부자인데도 아들이 공부를 잘하지 못하자 고등학교 때부터 자립심을 길러준다고 아르바이트를 시키더군요. 지금 그 아들 잘 살고 있습니다."

"스무 살에 명문대학교에 입학할 것을 바라보지 말고 서른 살에 독립하는 걸 목표로 자녀를 교육하란 얘기가 있습니다."

회사에서 보면 대학시절 학비 외에는 부모가 지원해주지 않은 직원들이 어려운 상황에서도 강한 면모를 보인다는 이야기도 있었다.

한 철학자는 독수리가 더 빨리, 더 쉽게 날기 위해 극복해야 할 유일한 장애물은 '공기'라고 말했다. 그러나 공기를 모두 없앤 진공 상태에서 새를 날게 하면 그 즉시 땅바닥으로 떨어져 아예 날 수 없게 된다. 공기는 비행하는 데 저항이 되는 동시에 비행의 필수조건이기 때문이다.

> 우리 삶에 만일 겨울이 없다면 봄은 그다지 즐겁지 않을 것이다. 만일 우리가 때때로 역경을 경험하지 못한다면 번영은 그리 환영받지 못할 것이다.
>
> ● 앤 브래드스트리트

독수리가 날기 위해 필요한 필수저항인 '공기'와 성장을 위해 우리 자녀가 꼭 겪어야 할 혹독한 '겨울'은 결국 우리 부모들이 현명하게 만들어주어야 한다는 걸 잊지 말아야 한다.

자녀의 의지력 테스트

자녀의 의지력을 알아볼 수 있는 20개의 질문이다. 자신의 자녀를 생각하며 질문에 답해보자. 단 항목당 한 개의 답만 선택할 수 있다.

1. 오래 달리기나 등산 등 스포츠를 좋아한다. 운동 체질이라서가 아니라 이런 운동이 의지를 단련하는 데 도움이 되기 때문이다.
   □ 매우 그렇다 □ 그런 편이다 □ 보통이다
   □ 그렇지 않은 편이다 □ 매우 그렇지 않다

2. 여러 가지 원인으로 말미암아 스스로 정한 계획을 이행하지 못하는 일이 잦은 편이다.
   □ 매우 그렇다 □ 그런 편이다 □ 보통이다
   □ 그렇지 않은 편이다 □ 매우 그렇지 않다

3. 특별한 이유가 없는 한 언제나 일정한 시간에 일어난다
   □ 매우 그렇다 □ 그런 편이다 □ 보통이다
   □ 그렇지 않은 편이다 □ 매우 그렇지 않다

4. 이미 정한 계획이라도 상황에 따라 융통성을 발휘할 수 있다. 그리고 계획을 이행할 수 없는 상황이 생기면 변경하거나 취소한다.
   □ 매우 그렇다 □ 그런 편이다 □ 보통이다
   □ 그렇지 않은 편이다 □ 매우 그렇지 않다

5. 공부와 놀이 시간이 겹치면 언제나 공부를 선택한다.
   □ 매우 그렇다　□ 그런 편이다　□ 보통이다
   □ 그렇지 않은 편이다　□ 매우 그렇지 않다

6. 이해되지 않는 내용이 있으면 바로 선생님이나 친구에게 도움을 요청한다.
   □ 매우 그렇다　□ 그런 편이다　□ 보통이다
   □ 그렇지 않은 편이다　□ 매우 그렇지 않다

7. 오래 달리기를 하는 중이라면 소변이 마렵더라도 결승선을 통과할 때까지 참고 달린다
   □ 매우 그렇다　□ 그런 편이다　□ 보통이다
   □ 그렇지 않은 편이다　□ 매우 그렇지 않다

8. 재미있는 책을 읽다가 잘 시간을 넘길 때가 많다.
   □ 매우 그렇다　□ 그런 편이다　□ 보통이다
   □ 그렇지 않은 편이다　□ 매우 그렇지 않다

9. 해야 할 일을 하기 전에 그 일을 했을 때와 하지 않았을 때의 결과를 예상한 다음에 행동한다.
   □ 매우 그렇다　□ 그런 편이다　□ 보통이다
   □ 그렇지 않은 편이다　□ 매우 그렇지 않다

10. 관심 없는 일이라면 무슨 일이든지 적극적으로 행동하지 않는다.

□ 매우 그렇다 □ 그런 편이다 □ 보통이다
□ 그렇지 않은 편이다 □ 매우 그렇지 않다

11. 해야 할 일과 해서는 안 되지만 흥미 있는 일 사이에서 고민할 때 결국에는 해야 할 일을 선택한다.

□ 매우 그렇다 □ 그런 편이다 □ 보통이다
□ 그렇지 않은 편이다 □ 매우 그렇지 않다

12. 잠자리에 들기 전 이튿날 일어나서 반드시 어떤 중요한 일(외국어 공부, 아침운동 등)을 하겠다고 다짐하지만 막상 다음날이 되면 언제 그랬냐는 듯 의지가 꺾이고 만다.

□ 매우 그렇다 □ 그런 편이다 □ 보통이다
□ 그렇지 않은 편이다 □ 매우 그렇지 않다

13. 재미가 없더라도 중요한 일이라면 장시간할 수 있다.

□ 매우 그렇다 □ 그런 편이다 □ 보통이다
□ 그렇지 않은 편이다 □ 매우 그렇지 않다

14. 일상생활에서 복잡한 일을 처리해야 할 때 우유부단해서 결정을 잘 내리지 못한다.

□ 매우 그렇다 □ 그런 편이다 □ 보통이다
□ 그렇지 않은 편이다 □ 매우 그렇지 않다

15. 어떤 일을 하기 전에 반드시 중요성을 따진 후 그것이 관심이 가는 일인지를 생각한다.

□ 매우 그렇다 □ 그런 편이다 □ 보통이다
□ 그렇지 않은 편이다 □ 매우 그렇지 않다

16. 곤란한 상황에 부딪히면 다른 사람이 대신 해결 방법을 알려주기를 바란다.

□ 매우 그렇다 □ 그런 편이다 □ 보통이다
□ 그렇지 않은 편이다 □ 매우 그렇지 않다

17. 어떤 일을 결정하면 한번 말한 내용은 끝까지 지키며 절대 차일피일 미루거나 허언하지 않는다.

□ 매우 그렇다 □ 그런 편이다 □ 보통이다
□ 그렇지 않은 편이다 □ 매우 그렇지 않다

18. 다른 사람과 말다툼할 때 그래서는 안 된다는 사실을 잘 알면서도 종종 지나친 말을 한다.

□ 매우 그렇다 □ 그런 편이다 □ 보통이다
□ 그렇지 않은 편이다 □ 매우 그렇지 않다

19. 누구보다 의지력이 강한 사람이 되고 싶다. 유지자사경성有志者事竟成(하고자 하는 뜻만 있으면 무슨 일이든지 이룰 수 있음)이라는 말을 굳게 믿기 때문이다.
□매우 그렇다 □그런 편이다 □보통이다
□그렇지 않은 편이다 □매우 그렇지 않다

20. 기회의 힘을 믿는다. 개인의 노력보다 하늘이 준 기회가 더 큰 힘을 발휘하기 때문이다.
□매우 그렇다 □그런 편이다 □보통이다
□그렇지 않은 편이다 □매우 그렇지 않다

＊점수 계산 방법 및 평가

홀수질문(1, 3, 5……)은 다섯 개의 답변을 순서대로 5, 4, 3, 2, 1점으로 계산한다. 반대로 짝수 질문(2, 4, 6……)은 다섯 개의 답변을 순서대로 1, 2, 3, 4, 5점으로 계산한다.

＊점수와 의지력의 관계는 다음과 같다.

81~100점: 의지력이 매우 강하다.
61~80점: 의지력이 강하다.
41~60점: 의지력이 보통이다.
21~40점: 의지력이 약한 편이다.
0~20점: 의지력이 매우 약하다.

출처: 사라 이마스, 『유대인 엄마의 힘』

어떤 경우에도 친구를 험담하지 않는다

히브리어로 '라손하라Lashon Hara'라는 말이 있다. 직역하면 '나쁜 혀'라는 뜻이다. 이는 유대인이 다른 사람에 대한 험담이나 비난을 삼가려는 노력이 담겨 있다. 『토라』와 『탈무드』는 지속적으로 남을 판단한 기준으로 결국 나 자신도 판단받을 수 있음을 경고한다. 유대인들은 아이에게 "어떠한 경우에도 친구를 비롯한 누구의 험담도 하지 마라"라고 가르친다. 유대 경전 미드라쉬에는 이런 말이 있다.

"남을 헐뜯는 험담은 살인보다도 위험하다. 살인은 한 사람밖에

죽이지 않으나, 험담은 반드시 세 사람을 죽인다."

곧 험담을 퍼뜨리는 사람 자신

그것을 반대하지 않고 듣고 있는 사람

그 험담의 대상이 되는 사람

이러한 신뢰가 유대인들이 친구 간에 평생 도움을 주고받는 끈끈한 관계로 발전할 수 있는 이유이다. 사회적 불의나 부정부패에 대해 침묵하라는 뜻은 아니다. 사회적 · 국가적 차원으로 잘못된 일에 대해서는 적극적으로 문제를 제기하고 비판할 내용이 있으면 비판해야 한다. 하지만 개인적 차원에서 다른 사람에 대한 판단은 좀 더 신중해야 한다. 가능한 한 좋은 뜻으로 해석하고 확인되지 않은 잘못은 다른 사람에게 전하지 않는 것이 좋다.

이 원리는 단지 이웃 간의 관계에만 적용되지 않는다. 가정에서도 먼저 실천해야 할 삶의 원리이기도 하다. 집에서 아내나 남편 혹은 아이들이 이해되지 않는 말이나 행동을 했을 때 자기 기준으로 즉시 판단하고 비난하기 전에 무슨 사정이나 이유가 있는지 먼저 알아보는 여유가 필요하다. 그리고 때로는 작은 허물이나 실수는 덮어주고 모르는 척해주는 지혜가 필요하다.

공동체정신을 중시하는 유대인들에게 인성이란 '나'가 아닌 '우리'로 사는 능력, 더불어 사는 능력을 뜻한다. 유대인들은 자녀의 인성교육을 위해 자녀가 어떠한 품성을 갖추어야 할지를 항상 고민한다. 그런데 여기서 중요한 것이 부모가 삶 속에서 모범을 보여야 한다는 점이다. 곧 자녀가 율법의 지혜를 체화할 수 있도록 부모가 유대교의 기본원리인 '게밀루트 하사딤', 곧 '친절을 베푸는 행위'의 솔선수범을 보여야 한다. 이 시기의 아이들은 눈으로 보는 것과 귀로 듣는 것이 모두 교육이다. 그러기에 부모 자신의 됨됨이를 삶 속에서 자녀에게 잘 보여주어야 한다. 자녀교육은 곧 부모 자신의 변화에서 이루어져야 하기 때문이다.

애매한 친구보다는 분명한 적이 낫다

『탈무드』에서는 애매한 친구보다는 분명한 적이 낫다고 말한다. 이 말은 '분명한 친구를 선택해야 한다'는 뜻을 담고 있다. 유대인들은 많은 사람들을 두루 알고 지내는 것을 좋아한다. 하지만 진정한 친구를 선택할 때에는 신중을 기한다. 유대인 부모들은 아이에게 친구를 사귈 때 주의해야 할 것을 알려준다. 특히 친구에게 신의 없는 말을 삼갈 것을 주의시킨다.

그리고 남의 소문을 입에 담지 말라고 당부한다. 친구에게는 또 여러 친구들이 있기 때문이다. 그래서 유대인 부모들은 친구에게 함부로 말하지 않도록 어려서부터 철저히 가르친다. "남에게 백 마디의 나쁜 말을 듣는 것보다 친구의 무분별한 말 한마디에 사람은 더 큰 상처를 받기 때문"이다. 그만큼 친구는 자신의 일부분과 같이 중요한 존재다. 가까울수록 더 존중할 줄 아는 사람들이 바로 유대인들이다. 유대인 부모는 아이가 친구를 사귈 때 두 가지에 유의하라고 가르친다.

첫째, 네가 말하는 시간의 두 배만큼 친구가 하는 말을 들어라.
인간은 입이 하나, 귀가 둘이 있다. 말하기보다 듣기를 두 배로 하라는 뜻이다. 이는 『탈무드』의 가르침이다.

둘째, 상대방에 대해 많이 물어보라.
인간관계의 기본은 인간에 대한 호기심이다. 상대에 대해 더 많이 알려고 노력하는 태도이다. 친구를 사귀기 위해서는 친구와 함께 시간을 나누는 것이 필요하다. 우리 어릴 때는 친구가 청소 당번이 되면 기다렸다가 함께 집에 가곤 했다. 나눔과 배려가 자연스럽게 싹트는 경험이었다.

함께 집으로 돌아오는 길에 이야기를 나누면서 서로에 대해 더 많이 알게 된다. 요즘 아이들은 나누는 법이 많이 인색하다. 특히 시간을 나누는 것에 더욱 그렇다. 어른들의 탓이다. 우리도 모르게 친구에게 나누어줄 시간이 없도록 아이들을 사교육 현장으로 내몰기 때문이다.

친구의 중요성에 대해서는 우리나라 학교현장 실험에서도 알 수 있었다. 서울의 한 중학교 1학년생 300여 명은 왼쪽 가슴에 특이한 형태의 이름표를 달고 다닌다. '친구명찰'이다. 자신의 이름만 적혀 있던 기존 명찰과 달리 친구 이름도 함께 적혀 있는 게 특징이다. 학생들이 서로를 지켜주는 친구가 되도록 친구의 이름과 나란히 적은 것이다.

이름표 안에 들어 있는 무선 알림 시스템은 보호막이다. 자신이 학교폭력을 당하거나 다른 친구가 학교폭력에 시달리는 상황을 목격했을 때 버튼을 눌러 선생님과 교무실에 신호를 보낼 수 있는 시스템이다. 학생이 명찰의 버튼을 누를 경우 교사들은 개인 PC나 손목시계 형태의 웨어러블 디바이스, 교무실에 설치된 모니터 등을 통해 도움을 요청한 학생과 반을 파악할 수 있다.

친구 명찰을 착용한 지 2개월 동안 놀라운 변화가 감지됐다. 이 학교에서 국어·한문을 가르치는 교사는 "학교폭력이 일어날 때 친구의 피해를 외면하는 아이들이 서로를 챙기고 보호해주기 시작했다"며 "학교폭력 가해자는 폭력을 참고, 피해자는 심리적으로 안정감을 느끼고 있다"고 말했다. 실제 이 중학교에서는 최근 6년 동안 3·4월 학교폭력이 매년 평균 8.5건 발생했는데, 최근 실험을 한 이후에는 단 한 건의 학교폭력도 일어나지 않은 것으로 나타났다.

이렇듯 학창시절 친구라는 울타리는 우리 아이들의 학교폭력에도 영향을 미칠 정도로 중요한 의미가 있다. 우리나라도 유대인처럼 진심으로 대하는 마음자세 그리고 IT 강국다운 체계적인 시스템이 있다면 학교폭력은 물론 아이들의 안전을 위해 많은 변화가 있을 것이다.

이와 별개로 국내 한 교육 전문가는 가족여행을 통한 가족공동체 부활이 필요하다고 했다. 초등학생 때 가족여행을 잘 따라다니던 아이들이 중학생이 되면 안 가려 한다. 그때는 전략적으로 자녀의 친한 친구를 끼워 함께 데려가는 것도 좋은 방법이라고 한다.

『멈추면, 비로소 보이는 것들』의 저자 혜민 스님은 "우리는 지나친 경쟁 사회에 살고 있는 데다 정보의 홍수로 인해 끊임없이 남들과 비교당하고 스스로 비교한다. 그러면서 우울해지고 자존감에 상처를 입는다"고 말했다. 청소년·주부·직장인 등 누구든지 그럴 수 있다고 진단했다.

그는 우울증 극복을 위한 방법으로 '인간관계 개선'을 들었다. 그는 "물질적으로 좋은 환경을 갖추고 있지만 인간관계가 어긋나면서 고통받고 있다"는 것이다. 다른 사람에게 위로를 받으려면 "많이 베풀라"라고 했다. "친한 친구 열 명만 있으면 억대 연봉자의 행복감을 느낄 수 있다"며 "다른 사람이 사랑받고 있다는 느낌이 들도록 베풀 것"을 강조했다.

혜민 스님은 또 "위로를 받으려면 남의 말을 잘 들어줘야 한다"며 "말을 하지 않은 친구에게 말할 기회를 주면 그 사람이 좋아한다"고 말했다. 또 서운한 감정을 해소하는 방법도 인간관계 형성에선 중요한 핵심이라고 했다. "서운한 감정은 말을 하지 않으면서 은근히 (내 맘을) 알아주길 원하는 것"이라며 "서운한 감정을 어떻게 처리하느냐에 따라 20년 지기와 인연이 끊어지기도 한다"고 말했다.

유대인의 인성교육

유대인들은 자녀가 어떠한 품성을 갖추어야 할지를 항상 고민한다. 인성은 타고나기도 하지만 후천적으로 길러질 수 있기 때문이다. 뉴욕 예시바 대학 교수인 랍비 도닌은 유대인이 갖추어야 할 12가지 성품을 제시했다.

1. 예의바름Courtesy
2. 정직Honesty
3. 완전Integrity
4. 진실Truthfulness
5. 침착성 유지Even-temperedness
6. 깔끔한 언행Clean Speech
7. 용기Courage
8. 친절Kindness
9. 인내Patience
10. 수양Self-discipline
11. 겸손Modesty
12. 책임감A Sense of Responsibility

여기에 우리말로 번역할 때 혼동되는 단어가 정직Honesty과 완전Integrity이다. 둘 다 한국어로 정직이다. 그 차이는 무엇일까? 정직은 사실 그대로를 말하고 남을 속이지 않는 것을 말한다. 그러나 완전은 선과 악을 구별하여 옳은 것은 옳고 그른 것은 그르다고 말할 수 있는 정직을 뜻한다. 유대인들은 정직도 중요한 가치이지만 청렴결백한 완전을 추구하는 사람을 더 귀하게 여긴다.

유대교는 인성의 토대가 되는 심성을 가꾸는데도 신경을 많이 쓴다. 심지어 동물을 죽일 때도 급소를 찔러 고통을 최소화하도록 율법으로 정해놓았다. 동물을 잔인하게 다루면 인간 심성이 거칠어진다고 믿기 때문이다. 유대교는 동물뿐 아니라 무생물체에 대해서도 조심하라고 가르친다. 그래야 사람들을 대할 때도 배려하는 섬세한 인성을 가질 수 있다고 여긴다. 유대인의 율법은 귀머거리에게 욕하는 것을 금지한다. 상대방이 듣지 못한다고 욕하면 그 자신의 인성에 더 큰 피해를 주기 때문이다.

하늘 아래 인간은 모두 평등하다

유대인들 고유의 후츠파Chutzpah 정신을 빼놓고 그들의 창의성을 설명할 수 없다. 후츠파란 '무례·뻔뻔함' 등을 뜻하는 히브리어로서, 자신보다 연장자나 권위를 가진 상대방이라 할지라도 자신의 의견을 당당하게 제시함으로써 권위자들의 일방적인 주장에 반기를 드는 문화를 말한다. 히브리어에는 "Excuse me"라는 표현이 없다고 한다. 이를 좋은 의미로서의 '당돌함'으로 재해석하기도 한다.

후츠파의 7가지 요소는 다음과 같다.

형식의 파괴Informality

질문의 권리Question Authority

상상력과 섞임Mass-up

위험의 감수Risk Taking

목표지향Purpose Driven

끈질김Tenacity

실패로부터 교훈Learning from Failure

그중 핵심내용은 '실패의 정신'이다. 유대인 사회에서는 의도적인 실패 외에 어떤 경우든 실패를 문제시하지 않는 분위기가 형성돼 있다. 오히려 좋은 시도를 하는 실패는 적극적으로 권장한다. 이런 후츠파 정신은 공부에도 적용된다. 『탈무드』는 랍비의 가르침에 100퍼센트 동의하지 말고 항상 반대편에 서서 논쟁하라고 가르친다.

율법의 정의, '정의와 평등'

유대인에게 제일 중요한 것은 하느님이 주신 율법이다. 율법의 기본 정신은 '정의'이고 정의의 실질적인 내용은 '평등'이다. 정의라 함은 고아나 과부 등 사회적 약자를 돌보는 것이고 평등은 세상의 통치자는 하느님 한 분이며 '하늘 아래 모든 인간은 평등하다'는 개념이다. 따라서 고대에서부터 유대인들에게는 공동체 내 약자를 돌보는 것이 인간이 마땅히 해야 할 도리라고 생각한다. 약자를 돌보지 않는 것은 불의한 것으로 여긴다. 유대인이 헌금과 자선 활동이 생활화된 이유가 여기에 있다.

또 유대인들은 직장에서의 지위나 직책은 효율적인 업무 추진을 위한 역할분담이라고 생각한다. 그래서 지위와 직책이 종속적인 관계를 만든다고는 생각하지 않는다. 이런 평등사상이 낳은 수평문화가 바로 '후츠파 정신'이다. 사람 간에 종속관계가 성립한다고 생각하지 않기에 자유롭게 얼마든지 열띤 토론을 할 수 있다.

이러한 전통 속에 율법학교를 졸업한 랍비들은 스스로 '평생학생'이라 여기고 평생 공부한다. 랍비를 중심으로 살아가는 유대인 공동체는 본질적으로 '학습 공동체'다. 그리고 랍비들은 교육을 통해 율법의 기본정신, 곧 '정의와 평등' 개념을 유대인들에게 철저히 각인시켰다. 그래서 유대인들은 능력껏 돈을 벌어 필요에 따라 나누어 썼다.

돈은 자본주의의 효율을 활용해 벌지만 그들은 이를 개인이 쓰지 않고 공동체에 다시 내어놓고 필요에 따라 나누어 썼다. 곧 분배는 사회주의 방식으로 살아왔다. 이것이 디아스포라가 2,000년 가까이 버텨온 힘이다. 이러한 원형이 현재에도 살아 있는 게 이스라엘의 키부츠다.

후츠파 정신은 이스라엘 젊은이들이 벤처와 창업에 뛰어드는 원천으로 작용하고 있다. 전 세계에서 일어나는 새로운 창업 투자의 30퍼센트가 이스라엘에서 이루어지고 있는 등 후츠파는 이스라엘을 세계 최대의 창업 국가로 변모시켰다. 유대인들이 과학 분야에서 두드러진 성과를 내는 이유를 디아스포라('분산'이라는 뜻으로 고향에서 멀리 떨어져 사는 것)로 분석하는 시각도 있다. 고난받는 이민자들이 가장 진입하기 쉬운 분야가 남들이 쉽게 뛰어들지 않고 문호가 비교적 개방된 과학 분야다.

실제로 최근 듀크대학 등의 공동 연구진이 발표한 연구 결과에 따르면 이민자들일수록 수학 및 과학적 논리가 필요한 직업을 선택하는 경향이 큰 것으로 나타났다. 그밖에 교육을 중시하고 학자를 존경하는 유대인들의 오랜 전통이 바로 노벨상 수상자를 많이 배출하는 배경이라고 보는 이들도 있다.

후츠파 정신 아래 도전적으로 경쟁하고 치열하게 싸우는 것이 얼마든지 용인된다. 즉 신입사원이 최고경영자와 신병

이, 사령관과 붙어서 치열하게 논쟁할 수 있는 분위기다. 반면 우리 동양인들은 그런 면에서 힘들다. 우리는 장유유서와 유가적인 가풍과 사회 질서 속에서 커왔기 때문에 서열의식이 엄연히 존재하기 때문이다.

과거 어느 한국인이 업무적으로 블룸버그 통신의 블룸버그 회장을 만난 적이 있다고 한다. 회장실로 안내하는 게 아니라 일반 사무실 직원 중에 한 명이 나와서 자신이 회장이라고 하며 본인이 직접 회사를 설명해서 문화적 충격을 받았다고 한다. 이와 유사하게 페이스 북을 창업한 마크 주커버그가 나온 영상을 보면 직원들과 똑같은 공간에서 일하고 결재한다.

이게 바로 그들의 평등사상이다. 『성경』을 보면 모세가 전쟁을 지휘할 때 지지자들이 편한 상석에 앉기를 권할 때 모세는 나만 그렇게 할 수 없다고 거부했다고 한다. 일반 사람들과 동등한 자리에 앉고 동등한 대우를 받았다. 그런 평등사상이 유대인에게 강하게 각인되어 있는 것이다. 그런 관점에서 유대인은 자식을 부모의 종속물로 생각하지 않는다. 부모 자식도 동등한 관계다. 아무리 어린애라도 그 안에 하느님이 역사하고 있다고 생각하기에 부모와 동등하게 대한다. 대화와 설득으로 자녀교육을 할 수 있는 것이다.

유대인은 영광의 날뿐만 아니라 실패의 날도 기억한다. 그들은 실패를 기억함으로써 새로운 힘이 생긴다고 믿는다. 실패만큼 좋은 교훈은 없다. 유대인의 역사를 살펴보면 실패의 반복이다. 그들은 실패의 역사를 돌아보며 다시는 같은 실패를 경험하지 않겠다고 생각한다. 실패는 고통을 배운다는 뜻을 지니고 있기 때문이다.

'집단농장의 한 형태', 이스라엘의 개척정신 키부츠

키부츠는 농업뿐만 아니라 식품가공·기계부품제조 등의 경공업을 포함하는 경우도 많다. 기존 경지耕地의 집단화가 아니라 계획적인 입식사업入植事業인 점, 철저한 자치조직에 기초를 둔 생활공동체이기도 한 점이 특색이다. 1909년 시오니즘 운동 중에서 최초의 키부츠가 탄생하였으며, 현재는 이스라엘 전역에 230여 개의 키부츠가 운영 중이다. 그 구성원은 8만 명이 넘고, 전 농업인구의 약 17퍼센트를 차지한다. 키부츠의 구성원은 60명에서 2,000명으로 일정하지 않다.

키부츠 구성원은 사유재산을 가지지 않고 토지는 국유國有, 생산 및 생활재生活財는 공동소유로, 구성원의 모든 수입은 키부츠에 귀속된다. 키부츠의 재정에 의해서 부부단위로 주거住居가 할당되는데, 식사는 공동식당에서 조리 · 제공되며, 의류는 공동구입과 평등한 배포 등의 관리로 이루어진다.

아이들은 18세까지 부모와 별개의 집단생활을 하며, 자치적으로 결정된 방침에 따라서 집단교육한다. 아랍과의 긴장 관계 아래에서 민병적民兵的인 군사적 의의가 있는 것도 주목할 만하다. 이외에 생산만을 공동으로 하는 모샤브 셰트피, 판매 · 구매를 공동으로 하는 모샤브 오브딤 등의 집단형태도 있으며, 집단간의 상호이행相互移行, 가입 · 탈퇴는 자유롭다.

이스라엘 땅에 도착한 유대인들이 처음 마주한 것은 풀 한 포기 나지 않는 황량한 사막이지만 나라를 세우겠다고 모인 사람들의 의지는 너무나 강했다. 맨손으로 사막을 일구겠다고 한 이들에게 매 순간순간이 도전이었다. 그렇게 이겨낸 고난의 시간들은 이스라엘의 건국 역사가 되었다. 사실 처음에는 그 누구도 사막 땅위에 농사를 지을 수 있다고 생각하지 않았다. 하지만 키부츠 사람들은 생존을 위해 황량한 모래사막 위에 씨를 뿌렸다. 이들은 한 번의 실패에 낙담하거나 주저할 여유가 없었다. 결국 불가능을 가능으로 바꾼 키부츠는 이스라엘의 개척정신과 같다.

유대인 자녀교육 19가지

1. 싫으면 그만두어라. 그러나 하려면 최선을 다하라.
2. 배운다는 것은 배우는 자세를 흉내 내는 것에서 시작한다.
3. 배움을 중지하면 20년 배운 것도 2년 안에 잊게 된다.
4. 형제간의 두뇌비교는 둘 다 해치지만 개성을 비교하면 둘을 살린다.
5. 이야기나 우화의 교훈은 어린이 자신을 생각하게 한다.
6. 어른들이 쓰는 물건과 장소에는 가까이 가지 못하게 한다.
7. 남의 집을 방문할 때는 젖먹이를 데리고 가지 않는다.
8. 돈으로 선물을 대신하지 마라.
9. 텔레비전의 폭력 장면은 보여주지 않지만 다큐멘터리 전쟁영화는 꼭 보여준다.
10. 자녀에게 거짓말을 하여 헛된 꿈을 갖게 하지 않는다.
11. 자녀를 꾸짖을 때는 기준이 분명해야 한다.
12. 최고의 벌은 침묵이다.
13. 협박은 금물이다. 벌을 주든 용서를 하든지 하라.
14. 어떤 일이든 제한된 시간 안에 마치는 습관을 길러준다.
15. 가족 모두가 모이는 식사시간을 활용한다.
16. 외식을 할 때는 어린자녀를 데려가지 않는다.
17. 용돈을 줌으로써 저축하는 습관을 길들인다.
18. 노인을 존경하는 마음은 아이들의 문화적 유산이다.
19. 부모에게 받은 만큼 자식들에게 베풀어라.

5
장

하브루타

'마침표 교육'
에서
'물음표 교육'으로

다른 사람의 생각 위에 내 생각을 쌓게 한다

〈EBS 유대인 교육 특집〉에서 하버드대학교에 입학했던 릴리(유대인에 입양된 한국계)는 방송 인터뷰에서 "우리 부모님은 억지로 공부를 강요한 적이 없다. 하지만 항상 무언가를 생각하고 여러 문제에 대해 진심어린 대화로 나의 용기를 북돋아 주셨다"라고 이야기했다. 그리고 다른 사람과 토론하며 "지식의 확대 재생산이 일어나는 하브루타를 유대인 교육의 정수"라고 강조했다.

유대인은 오랜 역사 속에서 그들의 경전인 『토라』(모세 5경)와 『탈무드』를 공부한다. 효과적인 공부를 위해 두 사람이 그들의 경전 공부를 위해 짝을 지어 질문하고, 대화하고, 토론하고, 논쟁한다. 이런 과정을 '하브루타'라고 한다. '하브루타'는 결국 일상에서 다양한 주제의 이야기를 다른 사람과 나누는 것을 의미한다. 그 대상은 때로는 부모님이 되기도 하고 때로는 형제자매나 친구가 되기도 한다. 그런 의미에서 '하브루타Havruta'라는 단어는 친구 '하베르'에서 나왔다.

10여 년 전 우리나라에도 토론교육, 독서교육의 효과적인 대안으로 '하브루타' 광풍이 몰아친 적이 있다. 특히 입시에 도움을 준다며 대치동을 중심으로 학부모의 관심이 많았다. 하지만 도입 초기 폭발적인 관심과 견주어 '하브루타'는 아직까지 우리나라 교육계에 미치는 영향은 미미한 수준이다. 그 이유는 '하브루타'를 단순 입시용으로 생각할 뿐 유대인의 역사와 문화에 대한 전반적인 이해가 부족했기 때문이다.

유대인에게 '하브루타'는 우리나라로 치면 평소 먹는 '김치'와 비슷하다. 김치의 효용에 대해 해외에서 많이들 이야기하지만 우리는 그냥 생활이자 삶의 일부분이다. 유대인들도 그렇다. 대화와 토론이 그들의 가정에서, 학교에서 일상 자체이기 때문에 '하브루타'를 따로 크게 찬양하거나 의식하지 않는다.

특히 '하브루타'가 배움의 영역으로 들어오면 유대인 학생들이 1대 1로 진지하게 토론하는 모습을 쉽게 볼 수 있다. '예시바'(유대인 전통 교육기관)에서는 1,000명에서 2,000명 규모로 모여 함께 토론하고 논쟁하고 대화한다. 격렬하게 대화하는 모습이 우리나라의 서울역보다 더 시끄러운 것을 보고 많은 사람들이 충격을 받는다.

세계에서 가장 떠들썩한 도서관이 유대인들의 도서관인 것이다. 그와 견주어 우리나라의 도서관이나 고시원은 주변과 전혀 소통하지 않고 혼자서 공부한다. '공부를 유대인처럼 인생의 목적이 아니라 삶의 성공을 여는 수단쯤으로 생각하기 때문이다'. 그럴 수밖에 없는 이유가 현재의 우리나라 사회구조에서는 내신을 위해, 대입을 위해, 고시를 위해, 입사를 위해 우리는 친구와 경쟁자를 밟아서 이겨야 한다.

반면 유대인들은 하브루타를 통해 '집단지성의 발현'을 몸소 소통하고 있다. '두 명의 유대인이 만나면 세 개의 아이디어가 나온다'고 생각한다. 그야 말로 일방이 아니라 쌍방이다. '다른 사람의 사고를 통해 나의 생각을 더 날카롭게 마치 숫돌처럼 가는 것이다.'

우리나라는 사법고시, 행정고시, 언론고시에 합격하면 보통 사회지도자가 된다. 공부를 잘하는 사람이 아무래도 성공할 확률이 높기 때문이다. 하지만 정해진 틀에 갇혀 공부하다

보니 세상과 소통하는 능력이 부족하다.

그런 차원에서 사람들은 기득권을 향해 매번 불통 정부, 불통 사회라고 욕한다. 이렇게 '도서관에서 고시원에서 혼자 공부해서 사회의 여기저기 주요 자리에 앉아 있기에 어떻게 보면 불통이 될 수밖에 없는 사회구조인 것이다'. 그렇게 지금까지 수십 년이 흘러왔다. 공부를 많이 한 사람이 범하는 잘못은 내가 세상에서 가장 똑똑한 줄 아는 것이다. 다른 사람과 토론이나 대화가 부족하다. 타인의 감정을 헤아리는 능력이 부족할 수밖에 없다. 그런 차원에서 언론에서 연일 쏟아지는 사회 지도계층이 범하는 상식 밖의 비행에 많은 사람들이 상실감에 빠져 있다.

비단 사회뿐만 아니라 때로는 우리들의 가정에서도 비슷한 모습을 마주할 수 있다. 다소 불편하겠지만 한 번쯤은 진지하게 곱씹어볼 필요가 있다. 사회지도층이나 기득권이 가정에 들어오면 부모가 가정 내 기득권자가 되기 때문이다. 일상에서 벌어지는 부모와 자녀의 대화를 떠올려보자.

자세히 들여다보면 우리나라 부모는 '게임하지 마라', '텔레비전 보지 마라', '밥 먹어라', '씻어라', '공부해라' 등등 아이들을 압박하거나 일방적인 대화를 강요한다. 이런 말은 사실 '지시'나 '명령'이지 진짜 대화가 아니다. 시간이 좀 걸리더라도 유대인 부모처럼 아이와 진심어린 이야기를 나누고 때로는 아이가 스스로 일어설 수 있도록 배려해주는 자세가 필요하다.

그런 의미에서 오늘부터라도 가정에서, 사회에서 우리 아이들이 혼자가 아닌 다른 사람과 교류할 수 있도록 기회를 주자. 그 과정을 통해 '생각의 시야를 넓히는 것은 물론 사람과 사람 사이의 생각과 생각의 화학적 결합이 일어날 수 있도록 아이를 믿고 기다리는 부모가 되자'.

처지를 바꿔 생각해본다

그동안 우리는 입시를 목적으로 피상적으로 생각해왔던 '하브루타'에 대해 조금 더 진지하게 들여다볼 필요가 있다. 하브루타는 쉽게 이야기 하면 '페어 러닝 시스템Pair Learning System'이다. 토론을 위해 반드시 두 명이 있어야 한다. 한 명은 선생님이 되고 또 다른 한 명은 학생이 되는 것이다. 때로는 서로 선생님과 학생을 바꾸면서 『탈무드』의 내용을 가지고 끝장 토론을 벌인다.

그런데 하브루타는 왜 둘이 해야 하는가? 의문이 들 수 있을 것이다. 그 이유는 둘이 해야 관찰자가 없게 된다. 관찰자가 생기면 노는 사람이 생기게 마련이다. 둘이 하면 어쩔 수 없이 생각하고 토론할 수밖에 없다. 그래서 단 둘이 하는 것이 중요하다. 보통 유대인들은 아주 어린 아이들에게는 찬성과 반대로 토론을 시키지 않고 공통된 주제로 토론을 시킨다.

어느 정도 고학년이 되어서야 비로소 찬반 토론을 시킨다. 각자의 생각이 다를 수 있지만 찬반 토론을 통해 자신의 주장이나 생각이 강하면 강할수록 사고가 깊어진다는 것을 유대인들은 알고 있기 때문이다. 특이한 점은 찬성과 반대를 그 자리에서 바꾼다. 나중에 바꾸는 게 아니라 그 자리에서 바꾼다. '역지사지易地思之'가 되어 보아야 다른 사람의 마음을 알게 되기 때문이다. 이를 통해 자연스럽게 다양성을 인정하게 되고 사고의 유연성이 생긴다.

가정 내 형제자매끼리 싸우더라도 입장을 바꿔보면 자신만의 생각이 고집이었고 모순이 있다는 생각을 인정하게 된다. 이렇게 유대인은 일상이 하브루타의 연속이다. 때로는 신입사원이 사장과 맞장 토론을 하기도 한다. 그게 가능한 것이 가정과 사회에서 자신의 지위와 상관없이 자유로이 토론하는 문화가 형성되어 있기 때문이다.

특이한 점은 구글을 창업한 레리 페이지와 페이스 북을 창업한 마크 저커버그도 하브루타를 하던 친구와 의기투합해서 창업을 한 것이다. 몇 년 동안 오랜 기간 이야기를 나누다 보니 친해지게 되고 평생을 믿고 맡길 수 있는 친구로 성장하게 된 것이다. 또 하브루타에는 우리나라처럼 일방적으로 가르치는 선생님이 따로 없다. 학생끼리 토론 공부를 한다. 가끔 랍비 같은 선생님이 와서 질문에 답해주는 게 아닌 또 다른 질문을 하고 사라진다.

새로운 생각을 할 수 있도록 '화두'만 던져주는 것이다. 이 점이 우리나라 교육과 가장 큰 차이점이다. 생각을 즐기는 유대인 학생들과 우리나라 학생들이 시간이 지나면 지날수록 점차 사고의 깊이가 차이가 날 수밖에 없는 이유이기도 하다.

특히 우리나라는 그동안 빨리 정답만을 찾아주려고 하는 경향이 있다. 오히려 이 같은 선생님이나 부모의 행동이 아이들의 창의성을 망칠 수 있는 점을 이해하는 것에서부터 우리 아이들의 교육에 대한 진정한 변화가 시작될 수 있을 것이다.

말로 할 수 없으면 모르는 것이다

유대인 공부법 하브루타는 말로 하는 공부법이다. 유대인들은 '말로 설명할 수 없으면 모르는 것이다'라고 생각한다. 유대인의 성공 비결은 그들이 뛰어나서가 아니라 '배우는 방법'이 달랐음을 주목할 필요가 있다.

말하는 공부의 큰 핵심은 메타인지다. 메타인지란 자신의 사고 능력을 객관적으로 바라보는 것으로 말로 설명해보면 모르는 것을 말할 수 없기 때문에, 아는 것과 안다고 착각하는 것을 찾아낼 수 있다. 공부의 목적은 많은 정보를 얻는 것이 아니라 다양하게 사고하는 방법을 찾아내는 것이다. 스스로 모르는 것을 알고 이를 보완하기 위한 계획 및 그 실행 과정을 찾아내는 교육 방법이다.

> "내 머릿속에 거울이 있습니다. 그게 메타인지인데
> 메타인지가 있으니까 사람이 다른 동물보다 더 똑똑한 거예요.
> 그래서 더 많이 안다고 해서 잘 아는 것이 아니고
> 자기가 모른다는 걸 알아야 더 잘 알게 되는 거예요.
> 다른 동물들은 자기가 모르는 걸 몰라요.
> 로봇도 몰라요."
>
> ● 메타인지를 전공한 미국 컬럼비아 대학교 심리학교 교수 리사 손

아이들의 학습 효과를 높이고자 하는 마음은 비단 대학교 연구자들뿐만 아니라 우리 부모들의 지상과제일 것이다. 이와 관련해 학습을 한 24시간 후 얼마나 머릿속에 남아 있느냐를 실험한 연구 보고서가 있다. 세계 최고 권위의 미국행동과학연구소NTL:National Training Laboratories는 〈학습 효율성 피라미드〉라는 연구 결과를 발표했다.

실험 결과 하루가 지난 후 강의식 교육은 5퍼센트, 읽기 10퍼센트, 집단 토의 50퍼센트, 서로 설명하기 90퍼센트가 기억 속에 남아 있는 것으로 나타났다. 결국 안타깝게도 학교

〈학습 효율성 피라미드〉

학습한 24시간 후 학생들의 머릿속에 얼마나 남아 있나를 측정

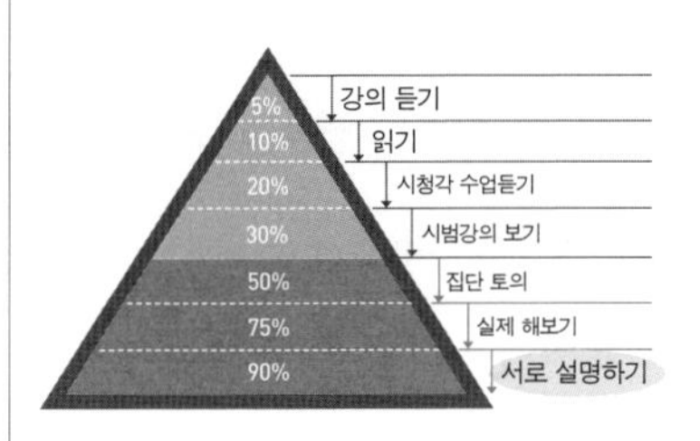

- 강의 듣기 5퍼센트
- 읽기 10퍼센트
- 시청각 교육 20퍼센트
- 시범 강의 보기 30퍼센트
- 집단 토의 50퍼센트
- 실습/체험 75퍼센트
- 서로 설명하기(티칭) 90퍼센트

※ 학습 효율성을 100퍼센트로 잡았을 때에 대비한 비율

〔미국행동과학연구소 연구 결과〕

나 학원에서 아무리 좋은 강의를 듣고 익혀도 얼마 안 가서는 거의 잊어버린다는 것이다.

교육전문가들은 유대인의 자녀교육을 연구한 결과 생활 속에 하브루타를 통해 서로 설명하기, 협동, 토론, 체험이 자연스럽게 어우러져 있는 것을 그 성공 비결이라고 밝힌 바 있다.

그런데 어떻게 보면 우리나라는 설명을 선생님만 일방적으로 아이들에게 주입하고 있어 가장 효과적인 학습 효과를 선생님만이 누리는 아이러니한 상황이 벌어지고 있는 것이다. 이렇듯 유대인의 하브루타를 통한 서로 설명하기는 강의를 소극적으로 듣는 것보다 학습효과가 훨씬 더 많다. 다른

사람을 가르치는 과정에 가장 큰 학습이 일어나고 있다.

흔히 하브루타를 통해 내 논리를 상대방에게 설명하려면 상대방의 논리를 파악하고 소화한 후 그보다 더 나은 주장을 펼쳐야 한다. 일반적인 강의보다 효과가 더 많이 나타나는 까닭은 어찌 보면 자연스러운 결과다. 마치 농구선수가 자기가 직접 그라운드를 뛰어다녀야 재미있듯이 직접 플레이어가 되어 토론이라는 경기장을 종횡무진하게 되는 것이다.

특히 유대인에게는 이런 친구 가르치기가 일상이다. 우리도 흔히 학교에서 선생님께 배운 것이 이해가 안 되어 쉬는 시간에 친구에게 배우면 이해가 잘되는 경우가 있었을 것이다. 교사에게 배운 것과 나와 비슷한 연령과 사고를 가진 친구에게 배운 것은 엄연히 다를 수밖에 없다. 유대인들은 이런 친구 가르치기가 하브루타의 근본이기 때문에 뛰어난 재능을 일찍부터 갈고닦게 되는 것이다.

또 교육 효과와 관련하여 유명한 '1만 시간의 법칙'이라는 것이 있다. 하루 최소 3시간씩 10년을 해야 어떤 한 분야에서 성공할 수 있다는 것이다. 이게 결국은 지속성의 문제다. 유대인들은 하브루타를 통해 가장 최고의 학습 효과를 어린 시절부터 수십 년씩 하므로 어느 분야에서든지 글로벌 리더로 두각을 나타내는 것은 어찌 보면 당연한 결과로 볼 수 있다.

과학적으로도 메타인지Think of Think가 서로 설명하기 효과에 신뢰도를 높여준다. 우리가 일반적으로 하는 생각들을 '인지'라고 부른다. 그런데 이 인지를 바라보는 또 다른 눈이 있다. 이걸 '메타인지'라고 한다. 나의 사고능력을 객관적으로 바로 보는 또 하나의 눈 '메타인지'는 '내가 아는 것과 안다고 착각하는 것을 파악하는 능력'이다. 즉 소크라테스가 이야기했듯이 '나 자신을 아는 것이다'.

어떻게 하면 메타인지를 상승시킬 수 있을까? 바로 설명에 그 해답이 있다. 설명을 해보면 내가 아는 것과 모르는 것의 구분이 명확해지고 내가 알고 있는 지식들의 인과관계, 즉 원인과 결과가 자연스럽게 머릿속에 정리가 된다. 듣기만 하며 지식을 집어넣는 것과 달리 말로 설명하면 내가 아는 것과 모르는 것, 필요한 것과 필요 없는 것이 생각으로 정리되는 걸 느끼게 된다. 그 이유는 사람마다 메타인지가 작동하기 때문이다.

여기서 특이한 점은 미국 컬럼비아대학교 심리학과 리사 손 교수는 혼자 공부하더라도 '셀프 테스트'를 통해 '메타인지'를 높일 수 있다고 밝혔다. 그 예로 어느 고등학교 전교 1등의 학습 습관을 예를 들었다. 그 학생은 자신이 수업시간에 필기한 것을 지우고 자기가 시험 문제를 푸는 것처럼 답을 적어보는 것을 반복했다. 그 전교 1등 학생은 과거에 수많은 학습 방법을 써보았으나 지금 이 방법이 가장 효과적인 방법이었다고 했다. 리사 손 교수는 이 학생의 예를 들어 풀고 나서 지우고 다시 푸는 과정을 반복하면 수업시간에 들은 내용을 제대로 이해했는지 내가 안다고 착각한 건 없는지 확인하며 메타인지를 높일 수 있다고 말했다.

우리나라는 유대인과 교육환경이 많이 다르지만 오늘부터 그동안 생각해왔던 학습에 대한 생각이 항상 옳지 않다는 것을 인식하자. 일단 외우고 보는 그런 교육 말이다. 물론 '입시'라는 관문 앞에서 한없이 작아지게 될 것이다. 하지만 우리 아이들의 미래를 위해 장기적 관점에서 사고력을 확장해 줄 수 있는 방법이 주변에 어떤 것들이 있는지 우리 함께 찾아보는 것은 어떨까?

하브루타는 아이를 인정하는 것이다

하브루타를 하기 위해서는 무엇보다 자녀와 관계가 좋아야 한다. 하지만 막상 아이와 신뢰를 쌓으려고 하면 쉽지가 않다. 특히 부모의 부단한 노력이 필요하다. 평소 아이는 부모의 모습을 보며 자란다. 그런 의미에서 아이가 평소 부모를 존경하면 더할 나위 없이 좋겠지만 부모도 사람인지라 쉽지가 않다. 평소 감정이 격해져 욱할 때도 있고 교육철학도 주변 사람들의 이야기에 따라 귀가 얇은 팔랑귀가 되기도 한다. 그런 의미에서 무엇보다 아이와 신뢰를 쌓는 대화법을 평소 연습할 필요가 있다.

리치REACH 대화법이란 앞의 영어단어를 활용해서 지어진 이름이다(김금선, 〈아이와 신뢰 쌓는 대화법〉).

반영Reflect - 격려Encourage - 인정Accept - 선택과 변화Choices and Changes - 수용과 포용Hold and Hug

반영

아이가 밖에서 있다가 집에 들어올 때 "짜증나!" 하고 들어오면 보통 부모들은 "왜 그래?", "무슨 일 있어?", "누구랑 싸웠어?", "너는 왜 매일 문제만 일으키고 다니냐?" 이런 말을 순간적으로 쏟아내곤 한다. 이런 태도는 아이의 입을 막아버리게 되며 아이는 부모님이 "내가 또 문제가 있다고 생각하는 거야?"라는 부정적 감정을 지니게 만든다.

아이와 장기적으로 좋은 관계를 유지하려면 아이가 화가 난 상태나 어떤 문제가 있는 상태로 집에 왔을 때 '우리 아이가 왜 화가 났을까?'라고 생각하며 아이의 감정을 먼저 부모로서, 어른으로서 내 마음속에 받아들이는 연습을 해야 한다.

우리 아이가 "왜 화가 났는지 한번 들어볼까?", "어떤 일이 우리 아이를 이렇게 화나게 했을까?"라며 부모의 포근한 눈빛으로 아이를 마주하는 것이 필요하다. 아이의 감정을 존중하고 아이가 슬퍼하면 같이 슬퍼하며 기분을 맞춰주고 아이의 감정을 있는 그대로 부모가 함께 느껴주는 게 첫 번째인 단계 반영이다.

격려

반영을 통해 자녀가 화난 이유를 엄마는 "이제 알 거 같아"라고 같이 속상해한 후에 격려해주어야 한다. "어 그랬구나~ 그런데 엄마는 조금 더 자세히 알고 싶어", "네 친구는 왜 그런 행동을 보였는지 좀 더 들어보고 싶어", "네 친구가 그렇게 행동했을 때 너는 어떻게 했어?", "너의 행동에 그 아이는 어떻게 했어?"라는 말을 통해 차분한 분위기에서 아이가 이야기를 스스로 풀어내도록 해야 한다.

그런데 아이 앞에서 윽박질러버리면 아이는 자신의 이야기나 감정을 감추려는 경향을 보인다. 그리고 부모로서도 그 상황을 객관적으로 알기 위해서 아이에게 내용을 좀 더 정확히 알아볼 필요가 있다. 아이의 말 중간중간에 "어 알 거 같아", "그래서 친구와 싸웠구나"라며 조기에 결론내리지 말고 끝까지 들어주는 자세를 유지하는 것이 좋다.

인정

아이의 말을 격려한 다음에는 "아, 그렇구나", "그래서 네가 화가 많이 났구나", "엄마도 그 자리에 있었으면 한소리하고 싶은 마음이 드는데", "엄마가 봐도 이렇게 화가 많이 나는데 네 감정이 어땠는지 엄마는 속이 상하네"라며 아이가 느꼈을 감정을 있는 그대로 인정하는 자세가 필요하다.

선택과 변화

그러고 난 뒤에 "이 상황을 어떻게 해결하는 게 좋을까?"라고 자연스럽게 선택과 변화에 들어가야 한다. 하지만 엄마가 일방적으로 "이제 알겠네. 네가 가서 사과하고 와" 또는 "사과받으러 가자", 이런 식으로 엄마가 해결방법을 지시하는 것은 좋은 방법이 아니다.

"너는 어떻게 해결하고 싶어?"라는 형식으로 질문을 던지자. 아이가 생각하고 해결방법을 엄마에게 제시하도록 하는 것이 중요하다. "엄마, 나 이렇게 하고 싶어. 월요일에 학교 가면 왜 그런 말을 했는지 그 친구에게 다시 물어보고 싶어", "그러고 난 다음에 내가 어떻게 할지 생각할 거야."

이런 식으로 아이가 스스로 해결방법을 찾아가도록 선택지를 아이에게 넘겨주는 게 좋다. 지금 우리의 부모들은 대부분 방법과 해결책을 성급하게 가르쳐주려고 하는 경향이 있다. 하지만 이는 좋은 방법이 아니다.

물론 아이가 나이가 너무 어리거나 해결방법을 못 찾으면 부모님이 조언해줄 수는 있다. "엄마가 생각하기에는 이런 방법도 있고 저런 방법도 있을 거 같은데 너는 어떤 해결방법이 좋아?" 하고 자연스럽게 제안해보는 것이다.

이렇게 제안하는 것은 아이가 방법을 못 찾아 힘들어 할 때에 한해서 도와주는 것이다. 해결 방법도, 선택도 본인이 하게 해야 한다. 아이 스스로 자신이 선택한 방법을 주도적으로 해결해간다고 느끼도록 해야 한다. 그래야 다음에 비슷한 상황이 일어났을 때 같은 방식으로 아이가 해결해나갈 수 있게 된다.

맨 마지막에는 아이가 자신의 감정을 숨기지 않고 말해준 것에 대해 감사함을 표현하자. "오늘 이렇게 힘든 고민을 이야기해줘서 고마워", 토닥토닥 안아주면서 "우리 ○○이가 오늘 마음이 많이 아팠겠구나" 하고 이야기해주자.

물론 상황에 따라 우리 아이가 다 잘한 것만은 아닐 수도 있기에 심리적으로 안정된 후에는 아이가 객관적으로 상황을 인식하게 조언해주자. 그런데 "엄마가 이 이야기는 꼭 너에게 해주고 싶어", "그런 상황에서 네가 ○○○ 했으면 어땠을까?" 이런 식으로 말이다.

너무 일방적으로 "네가 잘했어", "너 잘못한 거 하나도 없어" 이런 식으로 이야기하는 것도 경계하자. 필요에 따라 "그 아이도 너의 말을 들었을 때 얼마나 마음이 아팠을까?", "그 아이도 마음이 아팠을 거야"라며 상대방의 처지에서 생각할 수 있도록 조언해주면 좋다.

이런 과정을 통해 엄마가 자신의 의견을 충분히 받아들였고 이해했으며 무엇보다 자신의 마음을 알아줬다는 것에 아이는 큰 힘을 얻을 것이다. 그리고 따뜻하게 아이를 안아주면 된다. 물론 부모도 초반에는 이렇게 대화하는 방법을 의식적으로 연습해 나가는 것이 중요하다. 이런 갈등상황에서 아이를 존중하는 대화가 많아질수록 부모와 아이의 신뢰는 더 높아질 수 있을 것이다.

가장 쉬운
토끼와 거북이 그림책
하브루타

아이가 어리다면 그림책으로 하브루타를 하는 것이 좋다. 그림책은 글씨가 별로 없어서 글씨를 아직 모르는 아이들에게 적용하기 쉬운 방법이다(엘에이 아빠, 〈그림책 하브루타로 아이와 책 읽는 실제 방법〉).

동기 하브루타

책의 앞뒤 겉표지를 보고 "이 책이 어떤 내용일까?"라며 미리 대화를 나눠보는 것이다.

"이 책 제목이 뭐야?"

"토끼와 거북이"

"그림을 보니까 어떤 책 같아?"

"토끼는 자고 있고 거북이는 혼자 걷고 있네."

"왜 토끼만 자고 있을까?"

이렇게 동기 하브루타는 책 겉표지를 보고 미리 이야기를 나누는 것이다.

내용 하브루타

책을 읽고 어떤 내용이 있는지 한번 이야기를 나누는 것이다. 등장인물, 배경, 등장인물의 마음 등을 알 수 있는 질문과 과한 반응을 하면 더 재미있는 하브루타가 된다. 질문할 때에는 책의 순서, 원인과 결과를 물어보면 좋다. 등장인물과 배경, 원인과 결과를 중심으로 책을 보는 시선을 알려주면 아이들이 기억을 잘한다. 무엇보다 원인과 결과로 이야기를 읽으면 논리적으로 책을 읽는 습관도 생기고 기억에도 오래가기 때문이다.

마음 하브루타

여기에 나오는 등장인물들의 마음을 생각해보는 것이다. 등장인물의 마음을 생각해보면서 아이가 속한 사회에서 다른 사람의 입장을 헤아려보게 하는 시도다. 유치원이나 학교에서 친구들과 어떤 관계를 맺고 있는지 자연스럽게 알아볼 수도 있다.

"내가 토끼라면 어떤 마음일까?"

"내가 거북이라면 어떤 마음일까?"

이때 아이들이 실제 겪는 상황에 대해 예를 들어주면 더욱 좋다. 마음 하브루타는 나 외의 다른 사람의 마음을 이해하는 과정이기 때문이다.

생각 하브루타

"만약 이랬으면~ 어땠을까" 영어로 'If'를 뜻하는 질문이다.

"만약 토끼가 잠을 자지 않았다면 어땠을까?"

상상력이 필요한 친구는 생각할 수 있도록 구체적인 조건을 제시해주는 것이 좋다. 아이의 상상력을 자연스럽게 자극해주는 것이다.

실천 하브루타

책을 읽은 후 실제 생활에서 어떤 적용을 할 수 있는지 이야기하는 단계다. 내가 이런 상황에는 어떤 행동을 할 수 있는지 오늘 읽은 책을 통해서 유치원이나 학교에서 친구들과 관계를 대입해서 생각해볼 수 있다.

"친구 중에 토끼처럼 잘난 척하는 친구가 있어요?"

"그런데 그 친구가 자랑만 하다가 토끼처럼 큰 실수를 했다면 그 친구의 마음이 어땠을까?"

토끼의 예를 통해서 그 친구의 마음도 슬프다는 것을 이야기할 수 있을 것이다. 부모님이 가르치지 않아도 마음을 통해서 아이들 스스로 다른 친구들의 마음을 헤아리게 된다.

표현 하브루타

그림책을 보고 나눈 대화 내용을 그림이나 만들기 등으로 표현하는 것이다. "오늘 그림책을 읽고 어떤 생각이 떠올랐어요?"라고 물었을 때 아이가 "친구가 힘들 때 도와주고 싶어요"라는 형식으로 대답할 수도 있을 것이다. 그럼 엄마는 "친구를 도와주는 그림을 그려보면 좋겠다", "친구 얼굴을 그려보고 괜찮아 해줘도 되고 엄마가 도와줄게."

그냥 일반적으로 책을 읽는 것보다 재미있고, 부모님과 자연스럽게 상대방을 이해할 수 있을 것이다.

아이와 협상하는 갈등 하브루타

아이가 자랄수록 스마트폰처럼 디지털 장비를 가까이하면 할수록 게임 시간을 통제하기 어렵다. 특히 보통의 가정이라면 아이들의 게임 사용 시간 때문에 한 번쯤은 갈등을 겪어봤을 것이다. 과연 이럴 때 어떤 하브루타 해결책이 있을까?

게임 등 갈등 하브루타를 해결하는 방법은 보통 다섯 가지 단계를 거친다(엘에이 아빠, 〈하브루타 실제 3 이론(갈등 하브루타-게임편)〉).

1. 문제정의

2. 대안제시

3. 대안평가

4. 대안선택

5. 실천 및 점검

보통의 아이들은 게임에 집중하고 있을 때 부모가 "하지마!"라고 하면 오히려 자신이 흥분하거나 화를 낸다. 그 이유는 게임의 중독성 때문이다. 게임은 보통 몇 십분 정도 했다고 해서 흥미가 크게 유발되지 않는다. 하지만 게임 시간이 길어지면 길어질수록 자신 스스로가 게임 속의 캐릭터가 되어 주인공이 된다고 느끼기 때문에 헤어나기가 힘들어진다. 특히 요즘 남자 아이들은 경중의 차이만 있을 뿐 주된 관심사항 중 하나가 게임일 것이다.

부모로서 봤을 때는 못마땅할 것이다. 특히 게임하는 아이들은 게임할 때 이야기를 하면 안 들린다. 부모는 이야기를 했다고 생각하지만 아이는 너무 집중한 나머지 안 들리니까 대답도 건성으로 한다. 그럼 구체적인 세부 단계별로 알아보자.

문제정의

아이가 게임을 할 때는 불쑥 "게임은 문제가 많으니 게임시간을 정해보자"는 식으로 바로 훅 들어가면 안 된다. 아이가 게임을 하지 않을 때 그리고 이왕이면 유대인의 안식일 식탁처럼 맛있는 음식을 먹을 때나 평화로울 때, 분위기가 좋을 때 앉아서 대화하는 것이 중요하다.

이것은 갈등 하브루타 때문이 아니라 평상시에도 하루에 한 번은 앉아서 이야기할 수 있는 환경이 정해져 있어야 한다. 사실 아이로서도 자신의 행동이 큰 문제라고 생각하지 않을 수도 있기 때문이다.

부모와 자녀 사이에 뭔가 말 못할 이야기가 있다면 같이 앉아서 이야기해본다. "엄마는 솔직히 네 나이 때가 되면 게임 좋아하는 거는 이해되는데 요즘 너무 많이 하는 거 같아", "그런데 문제는 게임을 할 때 너의 모습이 너무 무서워", "엄마가 이야기해도 대답하지 않고 짜증내고 멈추면 화를 내는 모습이 너무 힘들어", "엄마도 화를 조절하고 싶고 너도 아마 화를 낼 때 마음이 편하지 않을 거야. 그럼 우리가 어떻게 이걸 조절할 수 있을까?"

아이와 부드럽게 이야기하면서 대화를 통해 문제를 해결

해나가는 신뢰를 쌓는 첫 번째 단계가 제일 어려우면서도 가장 중요하다.

대안제시

대회의 장이 바련되었으면 부모와 아이는 각자 종이를 가지고 온다. 예를 들어 게임 사용시간이라고 구체적으로 대화 주제를 정한 후 서로 각자 원하는 게임 시간, 예를 들어 일주일에 ○시간 등등 적어서 다시 만나기로 한다.

대안평가

그런 다음 서로의 시간을 가지고 이야기를 하면 된다. 왜 이렇게 정했는지 말이다. 부모는 중독을 염려할 것이고 아이는 학업 스트레스로 인해 자신만의 휴식 시간을 어느 정도 요구할 것이다. 그리고 자신의 친구들 사례도 들 수 있을 것이다.

대안선택

최종적으로 정하기 전에 그 시간에 대해 협상을 해서 아이를 이해시키는 것이 좋다. 그리고 부모와 아이의 제시 시간에 차이가 많이 나겠지만 서로 양보하며 합리적인 수준에서 정한다.

실천 및 점검

일주일 뒤 다시 점검한다. “엄마는 이번에 정한 시간이 생각보다 긴 것 같다”고 이야기하면 아이는 “짧다”고 이야기할 수 있다. 지속적으로 이야기, 즉 협상을 하는 것이다.

여기서 중요한 것은 서로의 의견이 조율 가능하다는 대화의 형식을 배우고 부모와 대화를 통해 문제를 해결할 수 있다는 확신이 들게 하는 것이 중요하다. 결국 게임시간을 줄이는 것 못지않게 중요한 것은 부모와 자녀가 대화가 되느냐 안 되느냐의 문제이기 때문이다.

자녀는 자라면 자랄수록 지금 자신의 의견이 받아들여지지 않고 있다는 생각이 강해질 수 있다. 부모님이 “이거 하면 안 돼”라고 소리 질렀을 때, 아이가 어리다면 당장은 힘이 없으니까 그 순간만큼은 참게 된다. 하지만 학년이 올라갈수록 자신도 어른과 다름없다고 생각하기 때문에 핸드폰을 집어던진다든지 문을 꽝 닫고 간다든지 화를 내는 것이다.

어렸을 때부터 아이와 부모가 신뢰를 쌓지 않으면 사춘기가 되었을 때 아예 대화가 되지 않을 수 있다. 그렇기 때문에 가정 내 합리적인 대화 형태를 정립해놓는 것이 중요하다.

공부도 마찬가지다. 부모는 스스로 알아서 잘하게 하고 싶고 아이는 강압적인 상황이라면 더욱 공부에 흥미를 잃고 부담스러워한다. 결국 이런 대화나 협상 과정을 통해 부모와 자녀 간에 갈등이 줄어들고 자녀는 게임을 하더라도 마음이 편해지며 공부도 좀 더 자기 주도적으로 해나갈 수 있을 것이다.

에필로그

당신은 부모입니까? 학부모입니까?

유대인들이 성공한 까닭은 세상의 기준에 흔들리지 않는 단단한 교육철학을 가진 부모들이 있었기 때문이다. 과학자 아인슈타인, 영화감독 스티븐 스필버그 등 일반 아이와는 뭔가 다른 그들의 자녀를 보고 실망하지 않고 오히려 남과 다름을 기뻐하고 세상을 바꿀 수 있을 거라는 희망에 집중했다. 그런 부모 밑에서 자란 유대인들이 세계 각지에서 파워 엘리트로서 영향력을 발휘하고 있다.

아이의 문제는 모두 부모에게서 비롯된다. 부모는 아이의 거울이다. 부모는 아이의 모든 것이다. 부모는 아이를 행복하게 해줄 수는 없어도 불행한 삶을 만들 수는 있다. 그래서 부모의 교육철학이 중요한 것이다. 가정교육에서 시작된 유대인 교육은 이 시간에도 사회를 바꾸고 인류를 바꾸기 위해 '담대한 용기'를 시도하고 있다.

그 밑바탕에는 우리나라의 홍익인간처럼 널리 인간을 복되게 한다는 의미와 유사한 '티쿤 올람' 사상이 있다. '선한 영향력'을 위해 유대인 네트워크를 활용하고 집단 지성을 발현하고 있다. 마치 종교적 성지인 예루살렘과 경제적 성지인 뉴욕이라는 두 도시를 통해 세상의 정신적, 물질적 사회를 모두 장악하고 있는 듯 보였다.

물론 유대인의 교육이 모두 옳은 것은 아니다. 유대인들의 교육에는 유대교라는 종교적 기반이 있다. 그런 점은 우리나라 교육 현실과는 다소 다른 부분이다. 하지만 아이를 자신의 소유물이나 자신이 이루지 못한 것을 대신 이루게 하는 그런 일은 하지 않는다. 아이를 신이 맡긴 선물로 여기고 있는 그대로 받아들이는 것이다. 다른 아이와 비교하지 않고 아이의 재능을 발견하기 위해 노력하고 또 노력한다. 그 결과 유대인 아이들은 자신만의 '생각 스펙트럼'을, 즉 생각그릇을 자연스럽게 넓혀가게 된다. 유대인들과 우리 나라 사람들의 교육 면에서 차이점은 유대인들은 과거의 나와 비교하게 하고 우리나라 사람들은 다른 사람들과 비교하게 하는 것이다.

누구나 어릴 때 집에서 벽에 키를 잰 기억이 있을 것이다. 그동안 키가 얼마나 자랐는지 궁금해서다. 아이들은 머리 위에 책받침을 올려놓고 수평을 맞춘 다음 그 높이에 맞추어서 벽에다 줄을 긋는다. 그리고 그 옆에다 날짜를 적는다. 간혹 영화를 보면 오래된 옛집을 방문한 주인공이 집을 둘러보다가 벽에 그어져 있는 비뚤비뚤한 몇 개의 선을 발견한다. 그리고 한참 동안 행복했던 과거를 떠올린다. 순간순간 영상은 흐릿하게 바뀌면서 과거의 단란했던 가정의 한 장면이 화면을 가득 채운다. 어디선가 아이들 웃음소리가 들려오고 즐겁게 뛰어다니는 모습이 희미하게 비친다.

아이들이 벽에다 키 재는 것을 좋아하는 까닭은 잴 때마다 키가 커져 있기 때문일 것이다. 과거에 키를 쟀을 때보다 얼마나 더 컸는지에 따라 많이 즐겁기도 하고 조금 즐겁기도 하다. 아이가 벽에다 키를 잴 때 비교 상대는 다름 아닌 과거의 자신이다. 그러나 아이들은 학교에 가기 시작하면서부터 더 이상 벽에다 키를 재지 않는다.

왜 그럴까? 그 이유는 키를 다른 사람과 비교하기 시작했기 때문이다. 다른 사람과 비교하면서부터 아이들의 키는 절대치에서 상대 치로 바뀌게 된다. 키가 크거나 작다는 것은 다른 사람과 비교함으로써 의미를 가지는 상대적인 표현이다. 내 주변에 있는 모든 사람들이 다 나보다 키가 크다면 나는 상대적으로 키가 작다. 아이들이 벽에 키를 잴 때에는 스스로와 비교하니까 즐거웠다. 그러나 다른 사람과 키를 비교하기 시작하면서 나의 키는 상대적인 의미가 되어 불행해지기 시작한다. 나보다 키가 큰 사람과 작은 사람은 반드시 있기 때문이다.

다른 사람과 비교하면 모두가 불행해진다. 설사 잠시 동안 행복하다고 느끼더라도 곧 불행할 수밖에 없는 이유를 얼마든지 찾아낼 수 있다. 비교는 불행의 씨앗이다. 비교하는 인생은 고단하다. 물론 비교하는 인생은 때로는 나에게 동기부여를 한다. 단, 비교하는 대상은 '과거의 나와 현재의 나' 또는 '현재의 나와 미래의 나'가 되어야 한다.

최근에 신종 코로나 때문에도 반복된 현상이지만 몇 년 전 중동호흡기증후군(MERS · 메르스) 때문에 서울 · 경기 등 일부 지역의 유치원, 초 · 중학교가 최근 1~2주가량 휴업을 한 적이 있다. 전염병 감염을 예방하려고 불가피하게 학교를 가지 않은 것뿐 아니라 사교육까지 뚝 끊긴 아주 '특이한' 기간이었다. 그동안 학교가 자율휴업을 하더라도 엄마들은 아이들을 학원에 보냈고, 방학 동안 학원이 쉴 때면 가족이 휴가라도 떠나는 게 일상이었다.

하지만 '메르스 휴업' 동안에는 우리 아이만 아니라 옆집 아이까지 모두 학원에 가지 않는 초유의 사태가 생긴 것이다. 엄마들은 "평소 내 욕심에 아이를 너무 학원들로 끌고 다닌 것 같아요. 아이들에게도 가끔은 아무것도 안 하고 엄마와 뒹구는 시간을 줄 필요가 있겠다"고 느꼈다고 했다. 엄마들은 평소 주말이면 아이에게 도움이 되는 활동을 해야 한다는 의무감이 자신을 그간 짓눌러왔다는 것을 깨닫게 됐다고 말했다.

초등학생 두 자녀를 둔 엄마는 "주말에도 학원 숙제를 하라고 재촉하기 바빴고 안 그러면 박물관 등 체험활동이 될 만한 곳으로 어떻게든 데려가려 했다. 메르스 때문에 아이들과 지내보니 앞으론 가끔 '자체 휴업'을 해야겠다는 생각까지 들었다"고 말했다.

학교휴업은 이미 오래전에 끝났고 아파트 단지에는 다시 노란 학원 버스들이 돌고 있다. 하지만 불청객 메르스가 한국 엄마와 아이들에게 한 번쯤 쉬어가라는 신호를 보냈을지도 모를 일이다. 그렇다. 사람의 에너지는 배터리 충전과 비슷하지만 휴대전화와 달라서 사람은 연결코드를 빼버려야 거꾸로 충전이 된다. 충전이 필요한 사람은 부모나 아이나 마찬가지다.

생각해보면 심심함에도 연습과 경험이 필요한 것 같다. 우리 세대는 자라면서 충분히 심심함을 경험해보았다. 초등학생 시절 30분 정도 걸어 등교했다. 집 앞에서 돌멩이 하나를 골라 학교까지 발로 차면서 갔다. 야산을 돌고 실개천도 건넜으니 쉽지만은 않았지만 재미가 있었다. 심심했어도 지루하지는 않았다.

하지만 요즘 아이들은 심심할 시간이 부족하다. 학원을 경쟁하듯이 몇 군데씩 다니고, 어쩌다 시간이 남아도 텔레비전과 인터넷, 스마트폰이 심심하게 내버려두지 않는다. 현대사회는 어른아이 할 것 없이 심심함의 위기다. 디지털 기기로 인해 짧은 자극에 길들여지면 뇌가 골고루 발달하지 못한다고 한다. 넘치는 자극으로 뇌가 지친 탓에 감수성·집중력 약화, 기억력 장애를 초래할 수 있다고 한다. 교육 목적으로 개발한 유아용 텔레비전 프로그램과 유투브 영상마저 오히려 아이의 언어를 방해한다. 이럴 때일수록 부모가 먼저 마음근육을 통해 아이도 불행해지고 부모도 불행해지는 길을 가지 않도록 정신을 바짝 차려야 할 것이다.

과거 텔레비전에서 본 의미심장한 공익광고 문구가 문득 떠오른다. "부모는 멀리 보라하고, 학부모는 앞만 보라 합니다. 부모는 함께 가라 하고, 학부모는 앞서 가라 합니다. 부모는 꿈을 꾸라 하고, 학부모는 꿈을 꿀 시간을 주지 않습니다.

당신은 부모입니까? 학부모입니까?" 엄친아를 추앙하며 비교가 일상이 되어버린 요즘 우리는 학부모의 삶인지 부모의 삶인지 수시로 돌아볼 필요가 있다. 그런 의미에서 어렸을 때 우리를 일희일비하게 만들었던 '수, 우, 미, 양, 가'의 뜻을 우연히 다시 되돌아보았다.

빼어날 수秀

우수할 우優

아름다울 미美

양호할 양良

가능할 가可

예전에는 몰랐지만 수, 우, 미, 양, 가 모두가 좋은 이야기를 담고 있었다. 끔찍이 싫어했던 양, 가조차 말이다. "아이들이 가지고 태어나는 잠재력의 총합은 누구나 똑같다"는 말이 있다. 우리 아이가 공부를 못한다면 분명 다른 능력을 가지고 있을 것이다. 다른 아이와 비교하며 우리 스스로 불행한 길을 따라가지 말자.

우리 아이의 가능성을 찾아 나서자. 아이가 좋아하고, 잘할 수 있고, 사회와 타인에게 조금이라도 도움이 되는 길을 찾아가는 사례가 많아질수록 지금보다는 좀 더 멋진 세상을 만들어갈 수 있을 것이다. '아이들의 첫 학교는 가정이다'라는 말이 있다. 그런 의미에서 최근의 코로나19 사태가 가족의 소중함을 다시 한 번 깨우치는 귀한 시간이 될 수 있을 것이다. 그런 의미에서 우리 부모가 '아이 만들기'라는 공동 프로젝트를 통해 마음으로, 행동으로 우리 아이를 품어주는 것은 어떨까?

무엇이 성공인가

자주 그리고 많이 웃는 것

현명한 이에게 존경을 받고

아이들에게 사랑을 받는 것

정직한 비평가의 찬사를 듣고

친구의 배반을 참아내는 것

아름다움을 식별할 줄 알며

다른 사람에게서 최선의 것을 발견하는 것

건강한 아이를 낳든

한 뙈기의 정원을 가꾸든

사회 환경을 개선하든

자기가 태어나기 전보다

세상을 조금이라도 살기 좋은 곳으로

만들어 놓고 떠나는 것

자신이 한때 이곳에 살았음으로 해서

단 한 사람의 인생이라도 행복해지는 것

이것이 진정한 성공이다.

● 랄프 왈도 에머슨

현대 사회를 살아가는 우리들에게 이 시대 무엇이 진정한 성공일까? 정답은 없을 것이다. 개인마다 살아온 역사가 다르고 환경이 다르기 때문이다. 다만 내가 이 세상에 존재함으로써 단 한 사람이라도 더 행복해지는 것, 이것이 진짜 성공이 아닐까? 그런 마음으로 우리 아이를 바라본다면 어느 순간 아이는 우리도 모르는 사이에 '세상을 감동시키는 큰 아이'로 자라나 있을 것이다!

참고 자료

도서

고재학, 『부모라면 유대인처럼』(위즈덤하우스, 2010).
김금선, 『엄마의 하브루타 대화법』(위즈덤하우스, 2019).
마빈 토케이어, 박현주 옮김, 『왜 유대인인가』(스카이, 2014).
————, 이현 옮김, 『유대인 부모들의 소문난 교육법』(리더북스, 2016).
박미영, 『유대인의 자녀교육 38』(국민출판사, 2011).
사라 이마스, 정주은 옮김, 『유대인 엄마의 힘』(위즈덤하우스, 2014).
심정섭, 『1% 유대인의 생각훈련』(매일경제신문사, 2018).
———, 질문이 있는 식탁 유대인 교육의 비밀』(예담Friend, 2016).
유순덕, 『하브루타 창의력 수업』(리스컴, 2018).
유현심 · 서상훈, 『유대인에게 배우는 부모수업』(성안북스, 2018).
이대희, 『한국인을 위한 유대인 공부법』(베가북스, 2014).
장화용, 『들어주고, 인내하고, 기다리는 유대인 부모처럼』(스마트비즈니스, 2018).
전성수, 『부모라면 유대인처럼 하브루타로 교육하라』(위즈덤하우스, 2012).
———, 『최고의 공부법』(경향BP, 2014).
홍익희 · 조은혜, 『13세에 완성되는 유대인 자녀교육』(한스미디어, 2016).

기사

강봉진, 「우리 아이 자신감 '쑥쑥'…칭찬에도 방법이 있다」, 『매일경제』, 2017년 1월 13일.

강현식, 「갓난아기 때부터 시작되는 유대인의 경제교육」, 『베이비뉴스』, 2015년 7월 14일.

김낙회, 「도가도비상도(道可道非常道)」, 『매일경제』, 2012년 2월 1일.

김성탁, 「성적 중압감에 힘겨운 아이들…부모 기대 조금 덜어주세요」, 『중앙일보』, 2015년 4월 16일.

———, 「얼마나 학원 가기 싫었길래…'잔혹동시' 만든 학업 스트레스 1위 한국」, 『중앙일보』, 2015년 5월 14일.

———, 「학원도 쉰 '메르스 휴업'에 엄마도 아이도 사교육 없이 행복했는데…」, 『중앙일보』, 2015년 6월 25일.

마지혜, 「아이들 장래희망이 건물주?…주주 되는 법부터 가르쳐라」, 『한국경제』, 2018년 11월 29일.

박정철, 「노인 학대」, 『매일경제』, 2019년 10월 4일.

서믿음, 「자녀 자존감 높이는 하브루타 교육법 『들어주고, 인내하고, 기다리는 유대인 부모처럼』」, 『독서신문』, 2018년 7월 25일.

서진우, 「감사와 친절 아는 아이가 학교 성적 높아요」, 『매일경제』, 2013년 10월 17일.

송인한, 「다시 OECD 자살률 1위다」, 『중앙일보』, 2019년 9월 30일.

신숙자, 「공감하면 감동한다」, 『매일경제』, 2014년 7월 25일.

양선아, 「아이들 '주관적 행복지수' OECD 꼴찌 수준…언제쯤 오를까?」, 『한겨레』, 2019년 5월 14일.

양영유 · 김상선, 「행복교육 씨를 뿌리다」, 『중앙일보』, 2017년 5월 15일.

육동인, 「구겐하임 가문과 경주 최부잣집」, 『동아일보』, 2019년 10월 8일.

윤석만, 「19세기 교육 21세기 학생 "2030년 대학 절반 문 닫는다"」, 『중앙일보』, 2018년 7월 26일.

윤석만 · 백민경 · 김성룡, 「유대인식 교육법 '하브루타'」, 『중앙일보』, 2015년 11월 12일.

윤태성, 「벽에 키 재기」, 『매일경제』, 2012년 11월 19일.

이가영, 「참을 수 없는 SNS의 가벼움」, 『중앙일보』, 2019년 9월 4일.
이동현, 「구텐베르크와 유튜브」, 『중앙일보』, 2019년 9월 27일.
이상렬, 「"잡스도 자녀들 컴퓨터 사용 제한"」, 『중앙일보』, 2014년 9월 13일.
이상일, 「잠자는 사자를 깨워라」, 『경상일보』, 2018년 1월 18일.
이세라, 「휴가지에서의 대화법은」, 『중앙일보』, 2011년 7월 26일.
이지영, 「지난해 성인 40% 책 한 권도 안 읽어」, 『중앙일보』, 2018년 2월 6일.
전진배, 「덴마크 사람들은 왜 행복할까」, 『중앙일보』, 2010년 1월 12일.
정재승, 「아이에게 코딩교육을 시켜야 할까요?」, 『중앙일보』, 2019년 10월 1일.
정재홍, 「'무너진 교육 사다리'는 공교육 내실화로 재건해야」, 『중앙일보』, 2019년 2월 25일.
채로미, 「4차 산업 혁명 시대, 질문이 아이의 창의력 사고의 근간이 된다」, 『위드인뉴스』, 2018년 8월 27일.
최승필, 「읽기 능력이 성적을 결정한다」, 『스포츠경향』, 2018년 7월 1일.
한준상, 「'배움' 없이 '학습'만 강요하는 학교」, 『매일경제』, 2011년 5월 8일.
현춘순, 「성경책, 손목시계, 축하금」, 『광주매일신문』, 2017년 6월 28일.
홍익희, 「유대인들이 오랜 고난과 가시밭길의 역사를 헤쳐 올 수 있었던 이유」, 『pub조선』, 2017년 9월 12일.
「[사설]24번째 과학 노벨상 받은 일본을 바라보는 씁쓸함」, 『중앙일보』 2019년 10월 11일.

방송 · 영상 · 강연

김경란, 〈유대인 부모의 자녀교육비밀〉, 알기 쉬운 TV 특강.
김금선, 〈[하브루타 부모교육]아이와 신뢰 쌓는 대화법〉, 하브루타 김금선 TV.
김정완, 〈질문하는 유대인 교육법-1. 유대인과 질문, 3. 탈무드와 하브루타, 4. 심장 같은 인재〉, 미래강연Q, EBS.
김진자, 〈유대인 부모의 말 한마디〉, 2014 스마트 명품자녀 교육 세미나.

싱싱이, 〈새롭게 다가오는 4차산업혁명시대 더욱 강해지는 유대인의 파워〉.
엘에이 아빠, 〈그림책 하브루타로 아이와 책 읽는 실제 방법〉.
육동인, 〈[知 특강] 유대인 글로벌 인재교육, "우리의 무대는 세계다"〉, 국가미래연구원.
육동인, 〈[知 특강] 유대인 창의인재 교육, 밥상머리에서 시작된다〉, 국가미래연구원.
이수경, 〈[유대인교육]유대인 전통 학습법 '하브루타' 10가지 기본 원칙〉, 교육 전문가 이수경 꿈짱TV.
전성수, 〈하브루타 유대인의 공부법〉, 2014 대한민국 부모행복 콘서트.
홍익희, 〈13세에 완성되는 유대인의 자녀교육〉, 2017 학부모 아카데미.
———, 〈유대인 자녀교육〉, 홍익희 TV.
———, 〈유대인, 그들을 특별하게 만드는 힘〉, 휴넷 CEO.
〈[14F]스몸비〉, MBC 뉴스데스크, 2019년 9월 21일.
〈[현병수의 무엇이든 물어볼게요]유대인에게 배우는 밥상머리 교육법〉, 육아학교, EBS.
〈공부하는 인간〉, KBS.
〈세계를 움직이는 힘! 미국의 유태인 교육〉, 세계의 교육현장, EBS.
〈세계인의 육아-2회 이스라엘 가정〉, 육아방송.
〈스타북스-유대인 이야기(홍익희)〉, 한국직업방송.
〈스타북스-유대인 파워(박재선)〉, 한국직업방송.
〈왜 우리는 대학에 가는가-5부 말문을 터라〉, 다큐프라임, EBS.
〈유대인 부모vs한국인 부모-미국초등학교 수지 오 교장선생님〉, EBS 초대석, EBS.
〈유대인의 자녀교육〉, 부모, EBS.
〈전교 1등은 알고 있는 '공부에 대한 공부'〉, 시사기획 창, KBS.
〈젖과 꿀 흐르는 땅, 유대인의 미국〉, SBS 스페셜, SBS.

유대인 교육의
오래된 비밀

초판 1쇄 2020년 8월 12일 찍음
초판 1쇄 2020년 8월 20일 펴냄

지은이 | 김태윤
펴낸이 | 이태준

기획 · 편집 | 박상문, 박효주, 김환표
책임 편집 | 김자영
디자인 | 최진영, 홍성권
관리 | 최수향
인쇄 · 제본 | (주)삼신문화

펴낸곳 | 북카라반
출판등록 | 제17-332호 2002년 10월 18일

주소 | (04037) 서울시 마포구 양화로7길 6-16 서교제일빌딩 302호
전화 | 02-325-6364
팩스 | 02-474-1413
www.inmul.co.kr | cntbooks@gmail.com

ISBN 979-11-6005-090-5 03590
값 15,000원

북카라반은 도서출판 문화유람의 브랜드입니다.

이 도서의 국립중앙도서관 출판시도서목록(CIP)은 서지정보유통지원시스템 홈페이지 (http://seoji.nl.go.kr)와 국가자료공동목록시스템(http://www.nl.go.kr/kolisnet)에서 이용하실 수 있습니다. (CIP제어번호: CIP2020032372)